CRAFTSMAN
SPIRIT
COGNITIVE UPGRADING
OF CORE VALUES

工匠精神

员工核心价值的认知升级

付守永

著

中华工商联合出版社

图书在版编目（CIP）数据

工匠精神.2，员工核心价值的认知升级 / 付守永著． -- 北京：中华工商联合出版社，2020.5（2024.2重印）

ISBN 978-7-5158-2100-9

Ⅰ．①工… Ⅱ．①付… Ⅲ．①企业－职工－职业道德－通俗读物 Ⅳ．① F272.92-49

中国版本图书馆 CIP 数据核字（2020）第 043432 号

工匠精神2：员工核心价值的认知升级

作　　者：付守永
出 品 人：李　梁
责任编辑：于建廷　臧赞杰
装帧设计：周　源
绘　　图：张　茁　胡安然　钟　伟
责任审读：傅德华
责任印制：迈致红
出版发行：中华工商联合出版社有限责任公司
印　　刷：三河市同力彩印有限公司
版　　次：2020 年 6 月第 1 版
印　　次：2024 年 2 月第 2 次印刷
开　　本：16 开
字　　数：200 千字
插　　图：8 幅
印　　张：16
书　　号：ISBN 978-7-5158-2100-9
定　　价：69.00 元

服务热线：010-58301130-0（前台）
销售热线：010-58301132（发行部）
　　　　　010-58302977（网络部）
　　　　　010-58302813（团购部）
地址邮编：北京市西城区西环广场 A 座
　　　　　19-20 层，100044
投稿热线：010-58302907（总编室）
投稿邮箱：1621239583@qq.com

工商联版图书
版权所有　盗版必究

凡本社图书出现印装质量问题，请与印务部联系。
联系电话：010-58302915

成为自己岗位的专家

我与付守永先生的结缘，来自于工匠精神。有一天，我去书店，在柜台上看到一本《工匠精神》的书，被深深地吸引住，毫不犹豫地买了一本。

有一次，我到北京出差，专程去拜访了付守永先生，向他请教工匠精神。他得知我是企业的员工，是工匠精神的践行者，就问我作为产业工人对工匠精神的理解。我回答说："工匠精神是一种专注、持续的精进，所追求的目标就是努力成为自己岗位的专家。" 听闻付守永先生的新作已经完成，还邀请我写推荐序，实感荣幸。当我收到电子版的书稿，就迫不及待地点开。看完后，只感觉"爱、专、细、精、恒、责、变、行"这八个字嵌入大脑，挥之不去。

工匠对工作有一种虔诚的热爱，更大程度上认为工作就是完成自己热爱的事业，他也告诉了读者工作是什么。工作是指个人在社会中所从事的作为主要生活来源的活动。事业是什么？事业是指个人所从事的，具有一定目标、规模和系统的，对社会发展有影响的经常性活动。工匠最可取的优点是把做事的过程视为提升的过程。一个人有事业心是需要专注的，专注体现在什么地方？体现在我们为把这件事情做好，需要花时间、精力和金钱，浅尝辄止难成大器。要去注重细节，工作上的细节是一个人对工作的态度，也是一个企业的文化精神。要做一件事，先存下自己的初心，要耐得住寂寞，因为寂寞是考验一个人能否成功的试金石。成大事者心存高远，但更懂得沉淀自我，脚踏实地。坚守自己的岗位，努力把工作做好，它就是一种责任；守责任，其实就是坚守人生的义务。当我们产生太多的"不值得"观点时，它可能会摧毁我们的人生。作者告诉我们，工匠追求精进的路上，永不满足现有的成就，永远在路上。最后是行动，我们知道很多的方法，很好的道理，如果我们不行动，一切永远是空中楼阁。付守永先生用八个字，对践行工匠精神给出宝贵的经验指导。它的经验价值不在于每个个体，它们环环相扣，相互补充，重要的就是整体性。从"工人"到"匠人"无不经过这八个字的锤炼。

读这本书，我花了两天的时间。我无法快读，因为每读一个篇章，一个观点，一个故事时，就会勾起我职业生涯的记忆。

我是钢铁企业的一名员工，在基层一线工作了30年。从火车皮清扫工干起，到皮带机工、顶岗工、配料工、班组长，再到车间管理者；从一名普通的操作工成为金牌工人，成为全国五一劳动奖章获得者。每一个岗位精进和改变，都离不开工匠精神的指引。我也曾对自己的成长经历进行总结，但总感不足，而付守永先生所著的书，让我找到了答案：车皮扫过了，但我想办法把车皮缝隙的煤料抠出来，为企业减少损失，这既是"细"，也是一种"责"；当他人用扫把清扫过机器皮带后，我仍不满足，还要用拖把拖，这就是"精"。

我深深体会到，践行"工匠精神"，首先要成为一名优秀的"工人"，再由"工"

到"匠"的转变，用工作实现自身价值。我们每个岗位、每名员工都是公司整体运行中的重要一环，只有热爱本职工作并保持耐心、细心和决心，才能保证自己在岗位上无差错，无延误，然后成为一个具有自我升华能力的"匠人"。

很多人认为工匠是一种机械重复的工作者，其实工匠有着更深远的意思。"工匠精神"自古有之，它是一种文化的传承；工匠精神，它是我们中华民族精神的一种体现，更是这个时代的需要。中国作为一个制造业大国，需要许许多多的工匠。想不断壮大发展的企业，需要培育更多精益求精的工匠型员工；个人的成才更需要工匠精神来指引，让精神内化于心，外化于行，在平凡的岗位上，始终保持初心，且心无旁骛，锲而不舍，使自己成为岗位或企业中不可或缺的专家。

最后，让我们在未来的日子里，多一点工匠精神，坚持信念，恪守原则，追求精进，让工匠精神在新时代中传承创新。

陶柏明

（全国五一劳动奖章获得者）

延慕工匠精神　再续时代经典

7年前，中国首部《工匠精神：向价值型员工进化》出版，被誉为"中国零售界神一般的存在"的胖东来一次性订购15000册让员工学习，工匠精神开始在神州大地广泛传播。华为任正非、海尔张瑞敏、格力董明珠、小米雷军、海底捞张勇、德胜洋楼聂圣哲、老乡鸡束从轩、胖东来于东来、西贝莜面村贾国龙等一大批中国企业家成为"工匠精神"的忠实拥趸。他们传承工匠精神，践行工匠精神，用工匠精神培养了一批职业匠人，为中国企业树立标杆，做出典范！

　　7年后，《工匠精神2：员工核心价值的认知升级》出版，传承精华，与时俱进，再续经典。传播工匠精神，我认为是一项长期工作，身在快时代，更需要工匠精神；中国品牌越是影响世界，越需要工匠精神；中国企业越是走向强大，越需要培养具有工匠精神的职业匠人。工匠精神在我心中就是一种信仰，因为这种精神就是中华民族的伟大基因，我们需要发扬这种精神，传播这种精神，践行这种精神，传承这种精神！人无精神则不立，国无精神则不强，唯有精神生生不息。

今天的中国出现了一批工匠精神的敬畏者、信仰者！真正具有工匠精神的那群人，他们不随波逐流，不人云亦云，他们专注于自己所做之事达到痴迷状态，他们对这个世界、对自己所做的事情有着非常独特、清晰的认知。在他们的价值观里，"爱、专、细、精、恒、责、变、行"无时无刻不在坚守着匠心，致力于打磨让中国人骄傲的"中国品质"。在任何环境中，他们不会被功利、投机、焦虑、丧气这些负面情绪干扰。在正确的价值观指引下，他们享受每一个当下，哪怕经历一次次的失败，他们也不允许违背自己的价值观去获取与之不匹配的结果。

别人浮躁，你不能浮躁，心乱了一切都乱了，回归工匠精神就是回归初心；别人功利，你不能功利，利己之心会消磨人格魅力，回归工匠精神就是回归利他之心。稻盛和夫先生说：最大的利己就是利他；别人投机，你不能投机，一旦投机就想一夜暴富，回归工匠精神就是回归正道之心，力行正道，人生方有光明大道！

工匠精神，人之根，国之宝。无论时代如何变化，工匠精神的时代价值永不褪色……

付守永

2020 年 4 月 8 日

目 录

第 1 章

匠心在爱，平凡
因爱而伟大

工作将占据你生命中相当大的一部
分，从事你认为具有非凡意义的工
作，方能给你带来真正的满足感。
而从事一份伟大工作的唯一方法，
就是热爱这份工作。

————乔布斯

因"迷恋"而享受工作

说到工匠精神，就不得不提日本，对于一个日本工作者而言，"职人（日本对拥有精湛技艺的手工艺者的称呼）"是再高不过的赞誉了。唯有在行业内十分专注、出类拔萃的人，才能拥有这样的称谓。此职人即我们所说的工匠。

创建了多家世界500强公司的稻盛和夫，就是一位具有工匠精神的企业家。

稻盛和夫从未标榜过自己的成就，也没有炫耀过自己的身份，他说："企业家要像工匠那样，手拿放大镜仔细观察产品，用耳朵静听产品的'哭泣声'。"简单的一句话，却显露出了非凡的态度。在稻盛和夫的眼睛里，工作是有生命和灵性的。我们应当去审视它，理解它，倾听它，热爱它。

工匠对工作，从来都有一份难以割舍的情结，绝不会过一天算一天。在内心深处，他们将工作视为当用一生去完成的天职。这种情结，被称为"燃性"。

稻盛和夫曾这样解释"燃烧的斗魂"——"燃性"，是指对事物的热情。自燃性的人是指先对事物开始采取行动，将其活力和能量分给周围人的人；可燃性的人是指受到自燃性的人或其他已活跃起来的人的影响，能够活跃起来的人；不燃性的人是指即使能从周围受到影响，但也不为所动，反而打击周围人热情或意愿的人。

要具备"燃烧的斗魂"，内心一定要对所做的事热爱，甚至是迷恋。就像稻盛和夫所说，自己就是工作，工作就是自己，达到了这样的程度，才能够全身心地投入其中，不疲不倦。

现代企业的很多年轻员工，却尚未做到这一点，原因就是对工作本身没有喜爱之情，容易受到外界的影响，浮躁多变。然而，对此他们也给出了一个理所当然的解释："我所做的工作不是我喜欢的，提不起兴趣。"

乍听起来似乎有点儿道理，可仔细剖析，却发现它依然是一个不充分的理由。想拥有一个充实而美好的人生，要么去做自己喜欢的事，要么让自己喜欢所做的事。毫无疑问，我们都渴望能够成为前者，但事实证明，在受到种种客观条件制约的情况下，能碰上自己喜欢的工作，能靠这份工作维持生计、实现自我价值的概率，少之又少。

在初入社会的时候，绝大多数人都是从"自己不喜欢的工作"开始的，到后来之所以会有巨大的差别，全在于做事的心态。有的人得过且过、消极怠工、牢骚满腹，在日复一日的消沉中湮灭了原有的才华；有的人却摒弃偏见，付诸努力，在转变心态的过程中，爱上了自己的工作，找寻到了自己的价值。

稻盛和夫上大学时学的是有机化学，当时最热门的专业，但他心仪的公司并未录用他，无奈之下他才去了松风工业。那是一家生产绝缘瓷瓶、属于无机化学领域的企业。入职后他被分配做新型陶瓷研究，而其他同事全是做企业核心产品的。没有像样的实验设备，没有同事和前辈的指导帮助，独自一个人去研究陶瓷的新材料，稻盛和夫真的提不起什么兴致，很难爱上这份工作。

后来，由于辞职转行都没成功，他不得不留下来。既然结果无法改变，那就改变一下自己的心态吧！他试着投入到工作中，就算无法瞬间爱上它，至少能减少一些负面的情绪。多年后，回顾这段心路历程时，稻盛和夫才发现：其实这样的转变就是在为"爱上工作"而努力，只是当时的自己并未意识到。

缺乏相关的知识底蕴，稻盛和夫就跑去图书馆找资料；没有复印机，就直接用手抄写重要的内容和文献。当时，他在经济上并不富裕，可还是坚持买工作所需的图书。依据这些信息，他开始做实验，并根据实验结果补充理论知识，再度投入实验，这就是稻盛和夫当时的工作。在反反复复地琢磨中，他不知不觉被新型陶瓷吸引了。从细碎而复杂的过程中，他发现了一个全新的世界，并开始想象新型陶瓷的美好前景。

当原本枯燥的研究，被赋予了"也许全世界只有我一个人在钻研"的使命感后，就有了光环，从而在平淡无奇中闪闪发光。稻盛和夫也从最初的被动工作变为主动工作，真正地喜欢上了这项研究，最后竟达到了"迷恋"的程度。

在旁人眼里，稻盛和夫的工作辛苦、繁杂、单调，简直无法忍受，可他却乐在其中。当一个人迷恋上了自己所做的事，哪怕环境艰苦，道路坎坷，挫折累累，也不会有怨言。一旦能够承受，坚持不懈地努力，就很容易做出成绩。

乔布斯说过："工作将占据你生命中相当大的一部分，从事你认为具有非凡意义的工作，方能给你带来真正的满足感。而从事一份伟大工作的唯一方法，就是去热爱这份工作。"与其抱怨眼下所做的事，追求幻想，倒不如尝试着去喜欢它。

从内心深处，摒弃"我在给别人工作"的想法，把已有的工作当成自己的天职，带着爱和使命感去完成每一项任务。在每一个细微的成就中，逐渐获得自信和满足，对工作的喜欢和满意就会增加。只要你这样做了，工作就不再是一种苦难，而会逐渐演变成一种精神上的享受。试试看，你不会损失任何东西，收获的却有可能是意外的惊喜。

找寻工作的意义

对你而言，工作有什么意义？

有人说是替老板打工，赚钱养家；有人说可以学到东西，塑造专业才能；还有人更直接，说从来就没想过这个问题。只有极少的一些人，把工作视为自我发展与完善的平台，把工作视为成长的过程、体现个人价值的途径，进而将自己与工作"天人合一"，从内心真正认同自己的工作，把最平凡的日复一日的工作干出日新月异的新气象，乐在其中，无法自拔。

简单来说，多数人把工作当成赚钱的工具，或是只把工作当成工作，而没有把工作当成自己的事业。美国成功励志大师卡耐基说，把工作当作与老板之间的交易，其实是一件极为痛苦的事。为什么会痛苦呢？他列出了3点原因：将自己置于被动的、被剥削的地位，注定是职场中的剩余者，永远没有归属感，没有方向没有根，永远是职场中的漂泊者；不会注重工作中的人际关系，每一位同事都是你的竞争对手，你就会想方设法将他们逐一打压，结果，你就没有朋友，只有敌人，你就成了职场中孤立的那一个；过于在意工作中的利益得失，只要付出就想得到，没有回馈就绝不肯多付出一份辛苦，付出了得不到就会抱怨，甚至想跳槽，你就会形成斤斤计较的性格。

只是为了生活工作，为了赚钱工作，看似是"精明"和"现实"，殊不知在入伍的第一天就落伍了，就把自己置身于队伍的末尾。这种人注定成为不了一个真正的工匠，只能算是一个工具，因为你没有在工作中注入自己的灵魂，所有的工作结果只是一种"死物"，缺少了"神"。

真正的工匠，总是不把自己局限在工作挣钱上，工作是他们的经济来源，但金钱回报绝不是唯一追求。工匠对工作有一种虔诚的热爱，更大程度上认为工作是在完成自己热爱的事业。

很多人不清楚工作与事业之间，到底有什么不同。

工作，是指个人在社会中所从事的作为主要生活来源的一项活动；事业，是指个人所从事的具有一定目标、规模和系统的，对社会发展有影响的经常性活动。通常来说，工作是阶段性的，伦理规范要求他尽心尽力完成相应的职责，对得起所获得的报酬；事业是终身的，自觉自发地愿意为之付出毕生精力的一种"工作"。

有些人把工作当成职业，这个目标取向比打工赚钱要高明一些，至少在这种思想的支配下，能够把手上的工作作为一个提升自身能力的平台，在一定范围内愿意吃苦和吃亏。几经磨炼后，也能成为某领域内的行家。

只是这种出发点过于利己，没有归属感和成就感。对企业来说，你就像是一个学艺者，始终像一个外人，没有融入企业中，企业也很难把你当成"自己人"。对个人来说，你为企业做了很多，但你的出发点不是为了企业创造价值，你的心并没有归属于企业，不关心企业的成长和发展，这就使得，无论你取得什么样的成就，也都只限于个人成就。

企业领导都很看重员工的忠诚，只把工作当职业的员工，其实是很难让领导放心的。换位思考，面对一个只懂得提升自我、不善于合作、不关心企业命运的人，你愿意让他去担任中层吗？就算你肯下放权力，你能保证他可以赢得人心、做好管理吗？从这一点来说，把工作当成职业，终其一生可能也只是一个技术人才，绝非领导心中最具价值的下属。要做现代企业的工匠，不仅要追求自身技艺的提升，更要提高视界，将企业、行业乃在国家、世界作为你"雕琢"的作品。具备这种心态，你才能对自己的定位更加高远，工作中自然会从企业的角度做对事、做好人。

热爱成就野心

前不久，跟一位颇有名气的女编剧聊天，她说这两年身边不少做文字工作的人都转行做编剧了，原因是觉得这个行业比较赚钱。可问及那些转行的人在编剧方面做得如何，有没有突出的成就时，听到的却是不怎么乐观的答案。

她跟我讲，有一个做广告文案的男士，入行三年，文案写得还是不入心，对市场趋势、客户心理的把握，都欠点火候。有时，做领导的也难免会说他两句。然而男士心气很高，自诩不凡，听不进去批评，就常常跟她抱怨，说做文案薪水太低，自己根本不屑这份工作。

说得多了，他的心就更浮躁了。终于，在一次挨批后，他果断辞职，转行做编剧。刚踏上这条路，处处碰壁，一来没什么经验，二来创意和文笔都不够出彩，很长一段时间都没能找到合作公司。后来，男士觉得自己应该去进修一下，就开始去大学上课。但是光靠手里的那点儿积蓄，不足以支撑他把所有的时间都用来学习，无奈之下，他只得重新拾起老本行，又找了一家公司做文案，业余时间去上课。如今，又两年的时间过去了，他还是没什么像样的作品出来。

其实，这位女编剧也是做文案出身的，但因为本身喜欢写作，业余时间就一直撰写小说。做这件事时，她没有任何的功利心，完全就是出于热爱，觉得写故事是一件挺幸福的事，能让自己的心静下来。不急不躁，不慌不忙，少了对利益的追逐，她完全沉浸在文字的世界里。这也使得她的小说读起来很吸引人，情节构思巧妙，文笔平实入心。

她的第一部小说写了整整两年的时间，反复修改。后来，有朋友建议她，把写的东西发到网上，跟网友们分享。她尝试着发连载，没想到竟真有不少读者追捧，关注的人多了，就引起了一些出版商的注意。她顺利地跟一家知名出版商签了约，后又签了影视版权。

外人总觉着，她看起来似乎没怎么费力，就凭空多了一个人气编剧的头衔。可作为了解她的朋友，我是知道的，这世上没有毫无道理的横空出世。如今，她已经撰写了四五部经典的剧作，在业界颇有名气。

回想起来，觉得这件事情挺有意思的。一心想赚钱、投身编剧行业的男士，挤破了脑袋也没能如愿，而无心插柳、专注于创作的女文案，最终却戴上了知名编剧的皇冠。这说明什么呢？很多时候，野心无法成就我们的，热爱却可以。

工匠精神，第一就是热爱，热爱所做的事本身，胜过这些事带来的名利财富。心理学家研究证实，一个人工作的绩效与两个关键词有关，一个是"心流"，另一个是"专念"。顾名思义，"心流"即爱，因为只有热爱才是你最好的老师，才是真正激发内心强大动力的源泉；"专念"就是专一，专注的力量。

以前我总好奇，那些跑完马拉松全程的选手，要有多大的毅力、多强的体力，才能支撑到最后？可后来，听到一位选手说的话，才彻底懂得，他们不是在咬着牙硬撑，而是内心对这项运动的喜爱给了他们驱动力，所有的坚持都源自这份热爱。那种感觉，就像是"把自己的全部热情搏在工作上，即使疲乏从指尖传到身体，精神也不会累"。

是的，只有热爱自己所做的事，才能找到乐趣；只有热爱自己所做的事，才能全力以赴；只有热爱自己所做的事，才能不觉疲惫。纪伯伦曾经写过一首《先知》，用它来诠释"热爱"的真谛，再合适不过：

"生活的确是黑暗的，除非有了渴望；所有渴望都是盲目的，除非有了知识；一切知识都是徒然的，除非有了工作；一切工作都是空虚的，除非有了爱。"

什么是带着爱工作？

是用你心中的丝线织成布衣，仿佛你的至爱将穿上这衣服；是带着热情建筑房屋，仿佛你的至爱将居住其中；是带着深情播种，带着喜悦收获，仿佛你的至爱将品尝果实；是将你灵魂的气息注入你所有的制品，是意识到所有受福的逝者都在身边注视着你。

为荣誉而战

什么是职业荣誉感？简单来说，就是对工作怀着一份要把它做好的决心，并为做好工作后得到的尊敬和成就感到光荣的一种心理感受。

一个人对自己的公司和工作没有荣誉感，做事就会马马虎虎，遇到突发事件，会付出最惨重的代价，他不会以高标准来要求自己，更不会在发生重大失误时认识到自己的错误。没有荣誉感的员工，到哪儿都不会受欢迎。

很多大度的领导，不介意员工在背后说自己的坏话，但他们非常介意员工说公司的坏话。对公司和工作都没有自豪感的员工，就不会尽全力做事，他们的精神面貌，就是公司好坏的晴雨表。对此，松下幸之助提出过"五分钟了解一个企业"的观点：不要看它的规章制度，不需要看它的报表，你只需要观察企业员工的一言一行，一举一动，就能感受到企业背后有一股什么样的"精气神"，在支撑着这个企业的发展。

IBM公司刚成立时，老沃森就开始向员工灌输一种理念：IBM是一家特别的公司，你要是不相信这家公司是世界上最伟大的公司，你在任何事业上都不会成功。当他的儿子小沃森接管公司后，依然也在宣扬这样的理念，他在自己的著作

《与众不同的 IBM 公司》中写道："如果我们认为自己只是随随便便地为一家公司工作，那么我们就会变成一家随随便便的公司。我们必须拥有 IBM 公司与众不同的观念。你一旦有了这样的观念，就很容易发挥出所需要的驱动力，致力于继续保持这种事实。"

就是靠着这样的企业文化，IBM 的员工始终对自己的公司感到骄傲。这份荣誉感促使他们不断追求卓越，创造了 IBM 一个又一个的神话。这也证明，当我们发自内心认定了一份工作是有意义的，有前途的，那就能唤起对工作的热忱，把工作做到最好。

西点军校里有一条"荣誉法则"："每个学员绝不说谎、欺骗或偷盗，也决不容许其他人这样做。"其实，这就是在培养学员的集体荣誉感。在西点军校的教育中，荣誉教育向来都处于优先地位，它把荣誉看得至高无上。每位学员都要牢记所有的军阶、徽章、肩章、奖章的样式和区别，记住它们所代表的荣誉。我们的企业或许没有提出过类似的规章制度，但我们应当从西点军校的荣誉教育结果上有所触动，努力培养自己对职业的荣誉感。

曾经，某知名企业家入驻希尔顿饭店。早晨起床，他刚打开门，走廊尽头的服务生就热情地走过来，跟他打招呼："早上好，凯普先生。"企业家觉得，清晨问好是很正常的事，但她如何知道自己名字的？他问服务生："你怎么知道我叫凯普？"服务生说："客人休息以后，我们要记住每一个房间客人的名字。"

随后这位企业家从四楼坐电梯下去，到了一楼，电梯门一打开，有个服务生站在那里，连忙向他打招呼："早上好，凯普先生。"企业家挺好奇，就询问服务生怎么知道自己要下来。服务生说："上面有电话下来，说您乘坐电梯下来了。"

　　吃早餐时，服务生送来了一块点心。企业家问，中间红色的是什么？服务生看了一眼，后退一步，告诉他点心的制作材料和工艺。企业家一连问了几个问题，每次服务生都是上前看过后，往后退一步再回答。因为，他担心自己的唾沫飞到客人的早餐上。

　　这件事给企业家留下了很深的印象，虽然只是一些细微之处，可他却感受到了这些员工对希尔顿饭店的热爱，对自己所从事工作的热爱。若是没有荣誉感，没有时刻把希尔顿饭店装在心里，把自己的责任装在心里，他们不可能如此自动自发。

　　几乎每一家历史悠久、口碑良好的企业，都有大量心怀荣誉感的员工。希尔顿饭店如是，可口可乐也是这样。在可口可乐人眼里，他们的可乐不是普通的饮料，而是充满魔力的"神水"。一位记者曾经形容说："无论我去到哪里，总是惊讶地发现，为可口可乐工作的员工对这种产品居然会如此崇敬。"

　　可口可乐的员工，把他们的工作当成了一种使命，一种信仰，而不单单是谋生之道。有很多人离开可口可乐多年后，依然保持着当初的那份信仰，认为可口可乐是世界上最好的公司，它的销售技巧是最出色的，产品是最优质的。

　　看到这里，相信还有人会心存不屑：荣誉感到底有什么用？我能得到什么？

　　答案很明了，看看可口可乐这些年的发展就知道。可口可乐人坚信公司的实力和发展前景，在言行举止上处处维护公司的声誉，形成一个团结的集体，单从可口可乐原液配方的绝对保密上，就足以看出他们对公司的感情。可口可乐在他们的共同维护下，也发展成了世界巨头企业，它也回馈给员工丰厚的回报。荣誉感建立的基础，就是把自己和公司视为一家，不分你我。

　　要相信一句话：公司就是你的船！水涨船高的道理，不用多说，你也一定懂得。

热忱是奇迹之源

《论语·雍也》中说："知之者不如好之者，好之者不如乐之者。"热爱一件事物，才会对它充满热忱，集中全部的注意力。这种专注，绝非喜欢的、知道的人所能比拟。世间很多精巧的工艺，奇思妙想，看似是不经意的、一蹴而就的，实则背后是一颗颗热忱的心不断拼搏的结果。

新型轮胎的发明者魏特亚，原本就是一家小轮胎店的童工。他发现当时的轮胎存在诸多不足，就整天想着要如何改良，制造出摩擦性、弹性都好的轮胎来。一天晚上，他梦见把橡胶和硫黄混合起来晒干，能够制成一种性能很好的橡胶。早上爬出被窝后，他马上就着手实验，没想到竟真的改良出了更好的橡胶。一个冬天，他做完实验，伸手去烤火，结果发现手上的橡胶变得特别有弹性。

真的是梦让魏特亚创造出了奇迹吗？这未免太玄幻了。就算真是那样，也必是"日有所思，夜有所梦"。梦境中的方法，显然是他白天不经意间思考过的，倘若他脑海里从来没有想过轮胎改良的事，想必很难做这样的梦；倘若他不是专注于实验，忘记洗手再去烤火，想必也不会发现轮胎改良的技术。所有的机会，所有的奇迹，并不是毫无道理的横空出世。

我在朋友那里听过一个木雕手工艺人的事迹，再怎么"丑陋不堪"的木头，到了这个人的手里，都会变成一座精美的木雕。我当时半信半疑，直到朋友把这位工匠的木雕拿到我跟前，毫不夸张地说，真的是惊艳。

工匠的祖母原是民间剪纸手工艺人。儿时的他一直跟随在祖母身边，而祖母在剪纸时总会递给他一把剪刀，让他随意发挥，鼓励他剪纸。在这样的成长环境里，他对美术产生了浓厚的兴趣。11岁时，就能依葫芦画瓢地雕刻挂件了。

有着艺术天赋的他，一门心思钻研美术。20岁时，他登上了岳阳楼，并彻底迷上了木雕。由于木雕在南方比较盛行，他就抱着学习和打拼的态度南下了。当时的他，兜里揣着几百块钱，一个人游走在深圳的街头，别说拜师学艺了，连个落脚的地方都没有。不到两个月，他的钱就花光了，怎么办呢？难道就这样灰头土脸地狼狈回家？不行！

趁着自己有点美术功底，他硬着头皮在深圳摆地摊给人设计签名。说来也巧，在此期间他结识了一位做雕刻的老板，由此改变了自己的人生。这位老板给他提供了装潢工作的机会，而他也终于在深圳有了一份像样的工作，这一干就是三年。

这三年里，他一有时间就"偷学"师傅的技艺，一来二去的，就摸索出了一套门路，并开始尝试自己雕刻。老板见他是一个可塑之才，就把店面盘给了他。这个在深圳举目无亲、赤手打拼的年轻人，就这样成了"小老板"。

有了属于自己的立足之地后，他决心大刀阔斧地干下去。木雕这行不简单，完全不是想一出是一出，虽有三年的"偷学"经历，等到真拿到台面上，他还是有点心虚，不知究竟该从哪儿下手。为了让心里更有底，技艺更精湛，他开始研究木雕创作的书籍，跟圈内的朋友沟通交流，从点滴做起。

1988年，他创作出了自己的第一个书刻作品——"和"。这个"和"字的成功，给了他莫大的鼓舞和动力，让他更加热爱木雕艺术，痴迷于木雕，逐渐从一个生意人转变成了艺术人。他废寝忘食、没日没夜地琢磨木雕，有了灵感马上就去做，有时在梦里想到了什么，就立刻坐起来画，全然忘了店铺的开门营业。

在刻苦与执着中，他完成了几百件大大小小的雕刻，很多作品都获了奖。旁人觉得，他在摸爬滚打中站稳了脚跟，长久地发展下去肯定大有作为，业界的朋友也看好他在深圳的发展。谁料，这个工匠却毅然选择了离开深圳，回到自己的家乡发展。他在做木雕的这些年里，赚了不少钱，可当时的木雕艺术在他东北老家却鲜为人知。家里人对他所做的事充满担忧，劝他找一份可靠的工作，把木雕当成爱好去做。大概是因为有了在深圳时打拼的经历，他坚信自己一定能把木雕事业做好，并能成功地将这门艺术推广出去。

正如他预料的那样，随着经济形势的发展，加之他的不断努力，木雕艺术如今已在他的家乡逐渐升温，很多喜欢木雕的人慕名而来，还有一些年轻人来拜师学艺。他的木雕技艺和作品，已在当地家喻户晓。但是这个专注的木雕工匠并不满足，他要继续传承和推广这门艺术，因为对木雕的那份执着的爱，已经融入了他的心。

热忱是一种很伟大的力量，它能够使人迸发出坚强的个性，释放出意想不到的能量，创造出奇迹。成功有时取决于人的才能，但很多时候更取决于人对事物的热忱。热忱，便会执着，便会有毅力，便能超越万难。

为自己而做，一切都值得

每个人都会有属于自己的一份工作，只是各自需要完成的任务和方式存在差异。就个人在工作上的表现来说，有人终其一生都在原地踏步，有人却在平凡中演绎出了精彩，其根本原因在于，他们对自身工作的认知以及对待工作的态度和处理方法不一样。

我见过不少受过高等教育、才华横溢的人，但很多郁郁不得志，在公司里长期得不到提升和重用。深入接触后，我发现了一个问题：他们中的很大一部分人不愿意自我反省，身上带着强烈的戾气，总是吹毛求疵、怨天尤人，不会自发地做任何事，完全是在被迫和受监督的情况下才去工作。这种行为背后隐藏的思想，显然就是认定了努力工作仅仅有利于公司和老板，对于个人来说，除了薪水以外再无任何关联。

常有人说，这个时代太缺乏工匠精神，我想上述的情形足以说明问题。

工匠精神，是工匠对自己的产品精雕细琢、精益求精的精神理念，从内心深处对工作有一种执着和热爱之情，而不仅仅是把工作当作谋生之道。多数人之所以把理念、忠诚、责任、敬业这样的字眼当成空洞的口号，是他们没有真正地意识到"我在为别人工作的同时，也在为自己工作"。

世界顶级推销员乔·吉拉德在谈及自己的成功经验时，说过一句话："不要把工作看成是别人强加于你的负担，虽然是在打工，但多数情况下，我们都是在为自己工作。只要是你自己喜欢，就算你是挖地沟的，这又关别人什么事呢？"

维斯康是 20 世纪 80 年代美国最著名的机械制造公司，每年都有一次对外招聘会。一个叫詹森的人，在初次应聘时被淘汰了，可他不甘心，发誓一定要进入这家公司。最后，他想了一个办法，假装自己一无所长，去找人事部商议，提出自己愿意为该公司提供无偿劳动，分派任何工作都行，不计报酬。人事部开始不敢相信，但考虑到不用支付任何报酬，也就同意了，把他分到了车间去打扫废铁屑。

整整一年的时间，詹森都勤勤恳恳地在车间里重复着这项简单又辛苦的工作。为了糊口，他下班后不得不去酒吧打工。老板和工人们对他的印象都很好，只是没有一个人提到录用他的事。

1990 年初，公司的诸多订单被退回，原因是产品的质量出了问题。这件事直接让公司遭受了重创，为了挽救公司，董事会召开紧急会议，寻求解决方案。可会议进行了一大半，却还是没有眉目，这时詹森闯进了会议室，提出要见总经理。会上，他把该问题出现的原因做了细致而有信服力的解释，并对技术上的问题提出自己的看法，拿出自己的产品改造设计图。这个设计十分先进，既保留了原产品的优点，又避免了已出现的缺陷。

詹森的话惊住了在场的总经理和董事，他们不禁质疑：这个编外清洁工，到底是什么神秘人？怎么能对公司的产品、技术这么精通？终于，詹森当着高层决策者的面，说出了自己来做清洁工的初衷。经过董事会举手表决，詹森当即被聘为公司负责生产技术问题的副总经理。

在看到别人的成功时，很多人会生出一种错觉，认为对方是碰到了好的机会，而自己生不逢时。就上述案例，我们不妨反思一下：詹森是突发奇想跑到会议室，临时组织语言说服了在场的高层吗？显然不是。在此之前，他已经默默无闻做了诸多准备。

利用做清洁工的机会，詹森细心观察了整个公司各部门的生产情况，并做了认真的记录，发现了生产中存在的技术问题，并琢磨出了解决的方案。他用了一年的时间做设计，做了大量的统计数据，最终完成了科学实用的产品改造设计图。

有句话说得好："面对大自然的素材，我得先成就它，它才有可能成就我。"工作中所遇到的一切问题，都是大自然的素材，你必须先用心对待它，它才会给你带来机会。这一切，不是为了其他任何人所做，而是为了沉淀自己的心性，磨炼自己的毅力，提升自己的技艺，释放自己的潜能。

工匠最可取的优点，是把做事的过程视为提升自己的过程，从内心深处认定这辈子就该专注地做点事情，体会苦乐悲喜，享受自我完善、技艺进步的快乐，胜过对外界财富名利的计较。

对现代员工来说，应当多一点工匠精神，在做事的同时得到的诸多成长机会，是再多金钱都无法买来的财富，一生受益匪浅。当内心有了"为自己而做"的信念时，再多的障碍都不能抵挡我们前行的步伐。

善于发掘工作的可爱之处

沃尔玛的 CEO 山姆·沃尔玛曾说："如果你热爱工作，你每天都力求完美，你周围的每一个人也会从你这里感染这种热情。"这个工匠企业家，一直都以饱满的精神状态出现在工作中，他在热爱中找到了一条使生命变得激越和充实的道路。

面对工作中的烦琐和困难，我们总能找到 N 个厌倦的理由，这也是为何有那么多人频繁跳槽，渴望在新的环境、新的工作中找寻激情。然而，有些问题不是换个环境就能解决的，倘若心境不变，走到哪儿都是一样的，甚至会愈发迷茫，失去方向。

有一个小姑娘，刚毕业时踌躇满志地跟我说，一定要做有挑战性的工作。我建议她，可以尝试做营销，能够得到多方面的锻炼与提升。恰好，她也对营销很感兴趣，很快就投身到了地产行业，带着满腔热情和向往，开始了她的售楼生涯。

最初，小姑娘对自己挺有信心，工作起来也很有激情。但是没过多久，她就有点吃不消了。每天辗转奔波带客户看房，身体疲惫不堪，外加销售都有业绩考核，久不出单心理压力也很大。她开始动摇，怀疑自己也许并不适合做营销，很快就辞职了。

　　凭借着优秀的文笔，她顺利地去了一家杂志社做采编。相比销售的工作，这样的工作轻松了不少，她也总算能从紧张压抑的心理状态中解放出来。不过，这份工作依然没有让她找到归属感，由于个性活跃、爱说爱笑，而所处的环境却显得有些安静保守，大概做了半年多，她就感到了沉闷，激情也被磨灭了。她对我说，自己不太喜欢安逸的工作，怕这样下去会被体制化，就又踏上了跳槽之路。

　　两三年过去了，她跳了四五个不同的领域，换了一份又一份工作，却总觉得自己好像还停在原地，没有任何进步。这样的状况，让她感到很迷茫，不知道下一步该怎么走。按理说，也是尝试了不少工作的，但心理上的抗拒、厌恶、倦怠之感却怎么也摆脱不掉。

　　其实，这样的事情对很多年轻人来说都不陌生，辗转曲折地换工作，换环境，为的就是让自己安定下来，结果却越来越迷惑。这个世界不存在让我们一见钟情并能对它一辈子激情不减的工作，是否能在工作中找到满足感和成就感，不是在于这份工作本身好坏，而在于你能把它做到怎样的程度。就算给你一份梦寐以求的工作，你不够珍惜，不够努力，终究也会变成一份坏工作，让你离预期的目标越来越远；反之，现在你从事的工作不那么理想，但通过努力，却能逐渐踏上理想的轨道。

　　停止对工作的抱怨，停止盲目地跳槽，多一点工匠精神，脚踏实地地付出，慢慢建立一种对工作难割难舍的情结。

　　比尔·盖茨说："成功的秘诀是把工作视为游戏，这似乎是所有成功者的工作态度。我们可以尽力找出能令我们兴奋的事来，把许多游戏时的方式带到工作中。"在专业领域挖出井水的人，必定是对工作抱有满腔热情的人。

　　日本电影《南极料理人》是根据真人经历改编的，其主角西村淳是南极考察队里的厨师，也是一位极具匠心的工作者。

　　西村淳与其他队员被派到南极进行为期一年的考察。在天寒地冻的基地里，要如何度过漫长煎熬的日子？他用行动给出了掷地有声的回答。

当大家无聊只能打麻将、跟着电视做操的时候，一日三餐就变得异常重要。刚好，他能做一手好料理，还爱烹调各种美食，队员们每次看到出自他手的精美搭配餐，隔空都能感受到色香味的诱惑。在眼馋心动中，他们已然忘了，西村淳没有机会去添购任何新的食材，只能用最初带去的各种罐装、冷冻食材。

驻扎大半年后，队里带的面条用尽了，一位非常爱吃面的队员苦苦哀求西村淳，说他想吃一次拉面，若是吃不上拉面，他觉得活着都没意义了。西村淳想方设法做了一餐面条，众人吃得津津有味，为了怕面条凉，他们甚至顾不得出去观察难得一见的极光。看到这样的情景时，西村淳顿时发现，队员们所有的苦闷和沮丧都不见了。

一日三餐准备饭食，多么平常而单调的事情，可西村淳却能充满激情地去做，变着花样给自己找乐趣，给同事们洗刷倦怠。这说明什么？地理环境、生活环境，都只是表面的形式，倘若内心对一件事充满热爱，那么它就会散发出闪耀的芒光，点亮自己和他人。

同时，在不少眼里，南极考察队员的身份和工作性质，似乎比厨师更有意义，但在这里我们看到的却是工作根本没有"高低贵贱"之分，把任何一件事情做到极致，都会赢得他人的敬重。要成为一个工匠，就不能带着太大的功利心去做事，这样的话会过于看重结果，而无法享受到做事的快乐。当你只想要得到某种结果的时候，你心中的爱和激情，就已经渐行渐远了。

那么，当身心俱疲、激情不再的时候，如何才能重新唤起对工作的热爱呢？

1.找寻自己在工作中的价值

邮差弗雷德的故事，想必很多人都听过。他之所以能够几十年如一日不停地投递邮件，就是因为有太多客户对他的服务认可，他们的信任成了弗雷德工作的动力。日本的那位"南极料理人"西村淳，看到考察队员吃了自己制作的美食，焕发出对生活、对工作的热情，这无疑是给他最大的鼓励。对我们来说，找寻到工作的意义和价值，才能保持持久的激情。

2. 分阶段地给自己确定目标

工作的成就感和动力，源自出色的业绩和精湛的技能。你做得好了，才会赢得他人的肯定与尊重。这就要求我们要不断发掘工作的魅力，不断地征服它，把自己带入更新更高的境界。这个过程所带来的乐趣和满足感，是其他东西无法给予的。

3. 尽量保持一份平和的心境

这个多变的时代，诱惑无处不在，要成为一个优秀的工匠，保持平常心非常重要。工作中总会有一些不如意，所以要尽量创造条件，让自己快乐，从而保持高昂的工作热情。同时，还要学会取舍，不能什么都想要。心境平和了，才更容易做得专注、长久。

第 2 章

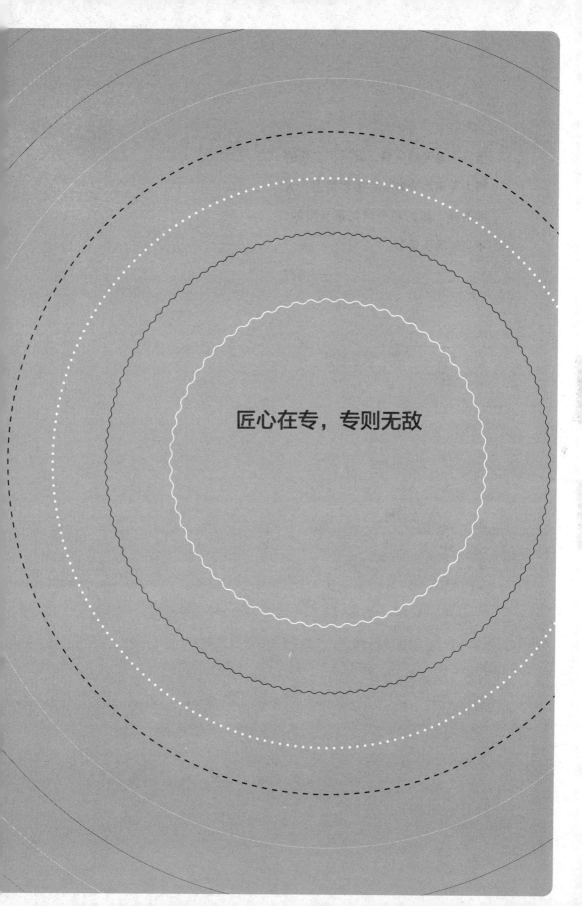

匠心在专，专则无敌

世界上最大的浪费，就是把宝贵的精力无谓地分散在许多事情上。人的时间、能力和资源都是有限的，不可能面面俱到。

——福柯

痴于艺者技必精

《聊斋志异》的蒲松龄有一句话："痴于艺者技必精，痴于书者书必工。"意思是，对技艺专心致志，技术就精通；对书法专心致志，书法必然漂亮。任何一个渴望有所成就的人，都必须学会专心，多方下注只会浪费精力，到头来一无所获。

现代员工最需要学习的，就是工匠身上的"专注"精神。

什么是专注？说起这个词，很多人都觉得老生常谈，但实际真正理解的却不多。专注是一种境界，是必须能把自己的时间、精力和智慧凝聚到所要干的事情上，从而最大限度地发挥积极性、主动性和创造性，去实现个人的目标。受到挫折、诱惑的时候，能够不为所动，勇往直前。

很多人问王永庆："你为什么会成功？"

王永庆说："其实成功最基本的就是要全心投入、专心专注，唯有如此才能体会到工作的乐趣，才能克服浮躁，忘记艰辛和烦恼，这时工作带给你的不仅是业绩和回报，还有智慧的灵感和潜力的迸发。人生多由挫折和困顿构成，而工作蕴含着一种改变的力量，它能帮助你战胜挫折，克服困难，给人生带来喜悦和希望。"

很多人问扎克伯格："你为什么每天总穿着同一件 T 恤？"

扎克伯格说："我有许多长得一样的灰色短袖 T 恤。我想让生活尽量简单一点，不用为做太多决定而费神。这样才能把精力集中在更好地为社会服务这些重要的事情上。我真的很幸运，每天醒来都能为全球逾 10 亿用户服务。如果我把精力花在一些愚蠢、轻率的事情上，我会觉得我没有做好我的工作。"

从这些当代成功巨匠的身上，我们感受到的就是专注的力量。人的欲望和涉及面多了，心思和精力就会分散，内心的志向就会被遗忘或衰退，而志向和目标不明确就使自己变得糊涂，自然很难成就事业。那些学有所长的木匠师傅，最初都是从拉大锯开始，一拉就是两三年。看似没什么技术含量的事情，为什么要花费那么久来做？其中一个重要的原因，就是让心平静下来，去掉急功近利的浮躁之心。

专注，其实有两层含义。

广义上说，是专注于一个领域、一个行业、一门技术。人的精力毕竟是有限的，穷尽全力往往也很难掘得真金。在有限的生命里，能够专注一个专业，朝着一个目标做精、做深，比那些多才多艺的人更容易做出成绩。

狭义上说，是专注一件事，认真不分心。

对员工来说，前者更倾向于对人生和职业的规划，而后者更倾向于做事的方法。

在此，我着重谈谈后者。卡耐基在对 100 多位在其行业获得杰出成就的成功人士进行分析之后，发现了一个事实：成功人士都具有专注于一件事情的优点，至少在一段时期里要专注于一件事情。

这给我们什么启示呢？

第一，不要把精力同时集中在几件事情上。一次只做一件事情，一个时期只设定一个重点。思考最大的敌人就是混乱，把心力分散在太多事情上，会降低效率。把一件事情出色地完成后，再去按照轻重缓急的顺次解决下一件事。如此，便不会因为事务繁杂，理不清头绪，顾此失彼。

第二，在同一时间专注地做一件事。现在的社交软件种类繁多，很多人坐在工位上的第一件事，不是查看工作计划，而是打开社交软件和网站，或是一边工作一边聊天，晃晃悠悠一天就过去了，工作效率很低，甚至完全游离在工作状态之外。要解决这个问题，就必须排除所有的干扰因素，抵制任何分散注意力的东西，在规定的时间内完成你的任务。待完成了手上的工作后，再花十分钟来休息，此时不妨换换思路，看看网页消息、处理邮件等。

法国哲学家福柯在写给儿子的信中说道："世界上最大的浪费，就是把宝贵的精力无谓地分散在许多事情上。人的时间、能力和资源都是有限的，不可能面面俱到。"很多时候，我们所谓的累，多半都不是身体上的累，而是心累。若能像工匠一样，专注、细致，所有的想法都围绕着一个点，不去思考与之无关的任何东西，那自然就能收获一份平心静气。

选定自己的那把“椅子”

工匠精神的动人之处，在于他们将职业融入生命，始终秉持着“一生专心做好一件事”的态度，日复一日重复着同样的工作，带着一份绝对的信仰，沉默而不彷徨。

20世纪伟大的家具设计师之一汉斯·韦格纳，就是一位值得敬仰的工匠。他一生中设计的椅子超过500件，被誉为“当代坐具艺术大师”，也被称为“椅子大师”。

这个出生在安徒生故乡的工匠，一生都在践行自己说过的话：“去做人们认为不可能的事是一种挑战。一把椅子没有正面背面，所有的侧面和角度都是漂亮的。”

韦格纳所有的热情都来自木头，他与木头之间建立了一种类似亲人般的关系。

从记事时起，他对木头就非常痴迷，他不像其他孩子一样喜欢奔跑嬉戏，而是更热衷于把村里废旧的老木头房子拆掉，用那些老橡木的碎料制作和雕刻船只模型。他的父亲是一位鞋匠，这样的成长环境和经历也让他早早认识到了工具和注重细节的手工艺技能的重要性。他曾经说过，自己的父亲闭着眼睛都能熟练地使用工具。

13岁时，成为一个细木工匠的徒弟，从师两年后成为一名技术纯熟的细木工匠，15岁那年开始设计自己的第一把椅子。他说："当我是一个学徒的时候，我带着浓厚的兴趣去工作，甚至在停工后就会感到失落，几乎不能等到明天的到来。当我完成一件作品，把它装上车拖到顾客那里时，那种感觉简直太棒了。"

后来，韦格纳开始不满足于仅仅做一个细木工匠，不断高涨的设计热情，像是为他加装了助推器，让他对更加广阔的世界蠢蠢欲动。随后他去了哥本哈根，在那里的工艺学校学习，毕业后受邀为奥尔胡斯城市大厅设计室内陈设品与装饰物。几年后，他开设了自己的设计工作室。

韦格纳的设计，几乎没有生硬的棱角，转角处都会处理成圆滑的曲线，给人一种亲近感。1947年，他设计的"孔雀椅"被放置在联合国大厦。他一生创作了超过500件椅类作品，是最优秀的家具设计师中最高产的一位。人们说起他的作品，往往会用"永恒""不朽"的字眼来形容，而他一生也都在专注于创作。

在嘈杂浮躁的环境里，能有多少人像韦格纳一样，认准了一件事，便全身心地投入其中，数十年如一日默默地耕耘着，只为内心的热爱而专注，只为做好一件事而努力？做椅子的工匠很多，但像韦格纳一样的匠心大师却是难得。

任何的成功都不是偶然的，任何行业、任何市场都是博大精深的，需要用一辈子的经历去钻研和奋斗。我们所看到的大师级的人物，都只是他所在的那个领域内的大师。真正的大工匠，就是把一件事做精做透，日复一日，年复一年。

从汉斯·韦格纳身上，我们应当汲取的经验就是，把精力集中在一件事上，事事通不如一事精。选定了一个领域，努力做下去，十年、二十年，就算无法成为大师级别的人物，至少不会碌碌无为。人生的成功，不总是成就辉煌伟业，能够专注于一件事，真正把这件事做好，就很不容易了。

无论是企业还是个人，要想成为强者，必须集中所有的时间、精力和技术做好一件事。尤其在最初的阶段，不要以赚钱为目的，也不要以出名为追求，而是要以成为某个领域中最顶尖的人作为标准。如果总是什么都想做，那往往什么也做不好。

人这一辈子，不可能样样在行，认准一件事，做好一件事，就是成功。任何行业都是博大精深的，足够花费一生的精力去钻研和奋斗。大师级别的人物也只是某一个领域内的大师，而不是全能的人物。曾有人向意大利著名男高音帕瓦罗蒂请教成功的秘诀，他的回答是父亲给予的一句教诲："如果你想同时坐在两把椅子上，你可能会从椅子中间掉下去，生活要求你只能选一把椅子去坐。"

"选定一把椅子"，就是专心致志地做好一件事。如果总是左顾右盼，渴望拥有一切，那往往会一事无成。身处这个琳琅满目、四处都是"椅子"的世界，一定要认真思量，守住自己的那把"椅子"。一生只做一件事，把事情做透，才是成功人生的捷径。

不厌其小故成其大

一位久经商场的老人受邀去讲述推销秘诀，可他在做演讲的会场上，没有说任何慷慨激昂的话，只是不停地用小铁球敲打吊球，整个过程持续了足足 40 分钟。期间，听众们骚动不安，甚至有人用叫骂发泄不满，而这位年迈推销员却视而不见、充耳不闻，专注地用小锤敲打吊球。最后，用大锤都无法敲动的吊球，竟在老人的不断敲打下越荡越高，巨大的威力强烈地震撼着现场的每个人，所有的叫嚣和不满戛然而止。

不管从事什么工作，推销员也好，程序员也罢，抑或豆腐匠、鞋匠，都如用小锤敲打吊球，不间断地重复着同样的事情，可能在很长一段时间里，看不到任何的起色，甚至还会遭到周围人的冷嘲热讽。这个时候，该怎么办？有人会烦躁不安，被嘈杂喧嚣的环境所干扰；有人会生气愤怒，对一成不变的状态感到厌倦；有人会怨怼丛生，感叹所有的付出都是白费。而后，开始三心二意，懒散懈怠，或是干脆放弃……凡此种种，都只说明一点：对所做之事不够热爱，缺少一颗匠心。

什么是匠心？记得《寿司之神》里有这样一句话，用来解释再合适不过："一旦选定你的职业，你必须全身心投入到你的工作中去，你必须爱自己的工作，你必须毫无怨言，你必须穷尽一生磨炼技能，这就是成功的秘诀。"

穷尽一生去磨炼技能，这是怎样的一种境界！也许，我们难以保证，从年轻到老去的数十年岁月里，只从事一份工作，但只要能做到在其位谋其职，站一天岗就尽一天责，热爱自己所做的每件事，将每件事做到最好，在日复一日中打磨自己的耐性，为了一份热爱和责任，心甘情愿去"忍受"折磨，也是难能可贵的。

我们必须承认，所有的事物都会在经历最初的光鲜后变得平常，所有的工作也会在经历了最初的新鲜后归于平淡。就好比学生时代，总羡慕那些穿梭在城市里的白领，可真走进了社会，美好的理想开始落地，跟现实零距离接触，才发现真实的工作和生活并不如想象中那样好，甚至更多的是单调琐碎。

什么时候是最考验人的？不是事业风生水起、蒸蒸日上的时候，而是默默无闻、辛苦耕耘的阶段。平淡成为工作的常态，才会从中得到磨炼。大家都知道洛克菲勒是石油大亨，折射出成功、财富的光芒，却很少有人了解，他的第一份工作，其实是查看生产线上的石油罐盖是否被焊接好。

当时的工作程序是这样的：装满石油的桶罐通过传送带输送到旋转台上，焊接剂从上面自动滴下来，沿着盖子滴转一周，然后油罐下线入库。洛克菲勒要做的，就是保证这道工序不出什么问题。说实话，这份工作没有技术含量，简单到连一个孩子都可以胜任，枯燥到每一天每一分每一秒几乎没有任何区别。很多人都觉得，干这个活就是一种折磨。

洛克菲勒也是年轻人，他不烦吗？当然不是，偶尔他也会有负面的情绪，不同的是，他能在单调的重复中坚持，寻找并发现机会，让单调的工作变得有趣一点儿，不至于枯燥无味。

工作的时候，他细心观察自动焊接的过程。经过反复观察，他发现每个罐子旋转一周，滴落的焊接剂有39滴。问题来了，这39滴都是必要的吗？如果减少到38滴或者37滴，行不行呢？萌生了这个想法后，他就开始试验。先研制出来的是 37 滴型焊接机，但机器焊接出来的石油罐偶尔会出现漏油现象；之后，他又研制出了 38 滴型焊接机，质量和 39 滴焊接机焊出来的产品没有任何区别。

很快，公司就采纳了洛克菲勒的焊接方式。从表面上看，新机器节省的不过是一滴焊接剂，但实际上它每年为公司节省的开支却高达 5 亿美元。公司非常满意，而洛克菲勒的人生从此也发生了变化。

可见，工匠大师们不是与生俱来的，更不是一蹴而就的。奇迹的诞生，都是在日复一日的工作中积累而成的。面对平淡枯燥的工作，你要能忍受寂寞，收起牢骚，拿出细心和耐心去打磨自己，从弱者变成强者，一步步地靠近成功。

世上没有精彩的工作，只有精彩的工作者。工匠恰恰就是精彩的工作者，而我们要学习的就是如何把自己的工作变得精彩有趣。在此，有几个小建议与大家分享：

其一，老生常谈的问题，要找到工作的意义。枯燥、单调的重复，会让人觉得疲倦，甚至把工作视为折磨。对抗这种心理的妙招，就是找到工作的价值和对他人的意义，便会萌生出一种存在感和使命感，进而充满激情地工作。

其二，不要成为压力的俘虏。工匠能够做出精巧的产品，原因是内心安宁。倘若压力缠身，终日忧虑，则无法专注地做事。所以，要懂得调整工作的节奏和失衡的心态，如此才能创造良好的循环。

其三，用创意去打破枯燥的窘境。创新的意义不仅在于进步，更在于乐趣。就像一个手工艺者，看似每天都在做同样的事，拿着一把剪刀剪纸，但每天剪出的花样却不同，他会在单调中主动去制造不同，用创意挥洒精彩。

什么是成功和不凡？

工匠告诉我们，简单的事情重复做，重复的事情用心做，你就能成功与不凡。

专精到不可替代

在跳槽越来越普遍的今天，很多人转战于各行各业积累了不少的经验，表面上看是"什么都会"，可真把一个要紧的职位交给他，却未必能做得好。这样的"全才"在工作中并不受青睐，含金量也不高，因为它的"全"涉及的都是一些工作内容简单、没有太高技术含量的岗位。

惠普公司前 CEO 奥菲丽娜说："人生是一就是做什么都不到位。

某公司对外招聘行政主管，然而应聘者的简历非常雷同，大致内容就是：英语基础好，计算机操作熟练，有表达能力、写作能力，有四年办公室、人事、行政工作经验。人力主管看到这些简历后，直接舍弃，原因很简单：这些工作经验里没有个不断剔除枝叶、走向主干的过程。"

过多的枝叶会影响我们成为参天大树的进程。朝三暮四，东一榔头西一棒子，耐不住性子进行专业能力积累，抱着投机侥幸心理，到头来都只是"只开花不结果"。况且，现代社会的分工愈发明确，岗位也愈发细化，一个人的时间和精力是有限的，很难成为一个什么都懂的全才。倘若各方面涉猎，就缺乏了专注力，其结果是没有一项可以称之为专长，给人的第一印象是，工作一直处于不稳定、不专业的状态。

　　企业真正需要和欢迎的人，应当是具备基本技能和专业技能的人。这就好比一位技术领域的工程师，他在游戏软件开发方面堪称"大匠"，与此同时，他的英语也很好，写作表达很强，可以将自己的工作经验转化为文字，作为经验给同事培训，那么这样的人才绝对是受企业欢迎的，他可以在技术领域给公司带来巨大的影响，同样也具备担任中层管理者的资质。

　　那么，怎样才能成为一个专才呢？

　　在这里，大家先要规避一个误区，那就是别把资格证"太当回事"。有一个男生从读大学开始就迈进了考证的队列，英语口语证、导游证、会计证……到毕业的时候全拿到了手，本以为这样就能增加求职成功的概率，结果却跟其他同学一样，兜兜转转没寻觅到合适的岗位。

　　把所有的资格证囊括在手，并不是优秀的"专家"，顶多是一个"博士"。常识不代表卓越，就像"十万个为什么"不代表研究能力；知识不是摆设，不是徽标，而是行动的工具。想在激烈的竞争中占有一席之地，成为一个超凡脱俗的"工匠"，就得有一些自己有而别人没有的强项。

　　拿破仑·希尔说过："专业知识是这个社会帮助我们将愿望化成黄金的重要渠道。也就是说，如果你想获得更多的财富，就要不断学习和掌握与你所从事的行业相关的专业知识。不论如何，你都要在你的行业里成为一等一的专才，只有这样，你才能鹤立鸡群，高高在上。"

　　要做到这一点，就要认准一个方向，专注地做下去，达到精通的状态。

　　巴黎一家五星级大酒店里有个小厨师，长相憨厚老实，谁说什么，他都照单全收。小厨师没有什么特长，做不出那些能上大场面的菜，所以一直都给主厨打下手。不过，他会做一道非常特别的甜点——把两个苹果的果肉放进一个苹果中，那个苹果就显得特别丰满，但从外表上看，完全看不出来是两只苹果拼起来的，就好像天生长成的一样，且果核也被巧妙地去掉了，吃起来别有一番味道。

一位长期包住酒店的贵妇人无意间发现了这道甜点，尝过后非常喜欢，就特意约见了这个小厨师。贵妇人长期包了一套最贵的套房，一年里只有不到一个月的时间在这儿度过，可她每次来都会点那个小厨师做的甜点。

酒店里每年都会裁员，经济低迷的时候，裁员的力度就更大。然而，那个憨厚的小厨师却每次都能幸免，外人总觉得他是有背景的。后来，酒店的总裁告诉小厨师，贵妇人是酒店的 VIP 客户，而小厨师也自然而然地成为酒店里不可或缺的人。

何谓不可取代的人才？并非取决于他所在的岗位，而是取决于他本身是否有精湛的技能。这份技能的锤炼，绝非一日之功，需要日复一日地打磨。这也是为什么要提倡工匠精神，干一行爱一行，精通一行，像海绵一样广泛摄取这一行业的各种知识，在所在的行业中深度发展，在光阴岁月中塑造不可替代的价值。

浅尝辄止难成大器

我接触过不少职场新人，大都是刚参加工作一两年，他们进入职场的资历虽不深，可跳槽的经历却让我瞠目结舌。每遇到不如意的状况，就以跳槽的方式来解决，且每份工作都干不到半年。你说这是浮躁，他们振振有词地反驳：快速尝试不同的工作能积累各行业的工作经验，以后找工作会更容易。

真的会更容易吗？事实似乎并非如此。至少，在我接触的诸多企业管理者中，鲜有人欣赏频繁跳槽的员工。他们也从未以时间和数量来判定一个人的工作经验，反倒是对这些浅尝辄止式的工作经历感到担忧。公司花了时间、精力和财力来招聘、培养一个员工，你情绪不好扭头就走了，公司损失的可不只是那一两个月的工资啊！

从个人的角度来说，这种做法也不可取。做任何事情，必须深入其中才能发现其实质，才能学到精湛的技术，才能积累丰厚的经验。也许，有些工作开始得并不那么顺利，但这不意味着它不值得去做，也不意味着它没有前途。

两个商人结伴到南方旅行，当时正值夏日，天气十分炎热，两个人觉得很渴，就想买点水喝。买完水后，小商贩给他们推荐了一种可以避暑解渴的水果——橄榄。

甲很聪明，担心上当受骗，就提出先尝尝看。小贩同意了，但他给甲尝的不是天然的橄榄，而是加工过的。小贩解释说，加工后的橄榄容易保存，不易腐烂，放在嘴里，越嚼越香。

然而，甲尝了一口，立刻就吐了出来，并斥责小贩骗人，这味道太苦涩了。为了证实小贩是否骗人，乙也要求尝一下。刚咬一口时，确实很苦涩，可细细咀嚼，却是一阵奇香，而且口渴的感觉消失了。于是，乙买了一大包橄榄。

甲很吃惊，对乙说："你疯了吗？买这种东西回去？"

乙神秘一笑，什么也没说。

旅行结束后，两个人各自忙碌，很久都没有再联系。忽然有一天，甲看到自己的孩子手里竟然拿着一包橄榄，正津津有味地嚼着。甲一把夺过橄榄，正想把它扔掉时，却突然看见这包橄榄的生产商标是乙注册的商标。

甲非常惊讶，连忙打电话向乙求证。结果得知，乙的确是在做这个生意，且赚了不少钱。听到这个消息，甲后悔不迭，他拿起一颗橄榄细细地品尝，方才发觉这水果真的是越嚼越香。

工作的事和品尝橄榄是一个道理。浅尝辄止，略知皮毛，往往会失去很多重要的机会。

既然选择了一份工作，至少要尝试做满三个月，就当成一次挑战，看你能否战胜这些困难。做了三个月后，发现自己确实不太适应这份工作，也不必急着跳槽。

在许多大型的公司里，内部转岗往往也能带来意想不到的机会。你可以同老板沟通，让他知道你擅长什么，能否给你一个更适合的岗位展示才能。我相信，如果你的态度很真诚，而彼此沟通又很到位的话，老板会认真考虑你的意见，并对你更加重视。

不提倡冲动跳槽的原因，是希望大家能够找到一条适合自己的路，并耐心地坚持下去。这个世界上任何一个领域和行业都有成功的机遇，许多人没能得到想要的结果，就是缺乏专注的态度。如果你肯专注于某一件事，哪怕它很不起眼，但只要努力做好，就会有不同寻常的收获。

人生苦短，心无二用。选定了一个方向、一条路，就要持之以恒地走下去，把事情做细、做精，力求成为这一领域内的"专家"。盛大网络董事会主席陈天桥就曾说过："成功的人在很大程度上都是'偏执狂'，他们如果看准了一件事，就会一直坚持干下去，不会轻易放弃也不会轻易改变方向，直到有所收获。"

实现梦想是一个精益求精的过程，无论是在涉世之初还是创业之始，选择都是很重要的一件事。一旦选定了目标，就不能轻易动摇，哪怕这条路崎岖不平，障碍重重，同行者寥寥无几，都要保持不改初衷的姿态。当你能够心无旁骛地将它走完，那你就走向了一个美好的未来。

熟能生巧，巧能生精

在学习某种技能时，我们经常会说到四个字——"熟能生巧"。

熟能生巧，源自一个典故。北宋时期，有一个叫陈尧咨的射箭能手。有一次，他在人前表演箭术，十只箭全都射在同一位置，众人纷纷叫好，陈尧咨也很得意。这时，他旁边的一位老者不以为然地笑了。陈尧咨觉得奇怪，便问老者："您看我射得怎么样？"老人摇摇头，说："我不会射箭，你射箭只是手法熟练而已，没什么了不起。"

陈尧咨很不高兴，追问老者为何这样说？老者没有回答，从身旁拿出一个油葫芦，倒出一勺油，用一枚铜钱盖在葫芦口上，把这勺油高高举起，将油穿过铜钱的方孔全都倒进葫芦内，而那枚铜钱上竟然没有沾一滴油。老者说："我没什么本事，只是卖了几十年油。我倒油和你射箭一样，只是手法熟练了一点而已。"

熟能生巧，巧能生精。论箭术，陈尧咨是行家；论倒油，老者却也是大匠。他每天做的就是来回倒油，在外人看起来似乎还有点无聊，但就是这件事，他却做到了非常专业的水准。尽管他自谦地说熟能生巧，但我们都知道，不是每一个卖油的人都能达到如此境界。

由此可见，专业无处不在。很多人不一定是所在领域内学历最高、职称最高的人，却能够通过不断进取的态度，做好每天重复性的工作，继而达到超越他人的程度。专业不一定非要专家才能完成，只要尽心尽力地追求，朝着高标准努力，都能够达到专业水准。

1968 年，34 岁的曾宪梓决定在香港创业。当时，他对香港的市场并不熟悉，一直在多方打听商业消息，分析行情，在百货商场、街头巷尾的人群中寻找切入点。最后，曾宪梓把注意力放在了领带生意上。那时候的香港正流行穿西服，上到商界政要，下到平民百姓，都喜欢穿西服，而领带也就成了紧俏的商品。不过，香港市场的领带多半都是进口的，很少有本土的，曾宪梓决定抓住这个机会。

曾宪梓当时的创业资本只有 6000 元。在出租房里，他用帘子将房屋一分为二，前边做工厂，后面做住所，没有钱雇佣员工，就自己买了台缝纫机操刀设计、制作。就这样，他的工厂成立了，经过数天的艰苦奋斗，第一批领带终于问世。他带着自己的劳动成果辗转于大街小巷，推销自己的产品。没想到，根本没有人认可，他的领带无论是布料、款式还是工艺，都跟进口领带相差甚远，入不了买家的眼，勉强说要的开出的价格也让他难以接受。

这样的结果，让曾宪梓意识到了一点：想靠低档产品迅速打开市场行不通！在香港，没有谁喜欢低档货，人人都以身着名牌为荣。他当即决定，要做就做到专业水平，生产香港市场最一流的产品。

他走遍各大商场，买了数条名牌领带，将它们细心拆解，一针一线、一丝一缕地研究。生物专业出身的他，甚至还用显微镜来观察领带纹理的变化。研究完制作，他又开始研究不同面料的选取、颜色的选择、领带与西装的搭配和人们的不同喜好。

一段时间过后，曾宪梓花费高价买进一批法国最好的面料，开始了他的专业设计。几天过去后，他把自己制作的4条领带拿给一位行家看。那位行家一口咬定，这绝对是国外进口的高档产品。这下，曾宪梓心里有了底。他靠着这些高档产品，以低于进口货的价格迅速打开市场，订单也开始陆续增多。随后，曾宪梓为自己的领带创立了一个响亮的品牌——金利来。

从低档产品遭拒，到精致产品的成功，曾宪梓用他的经历证明了专业的重要性。无论是创业还是在企业中工作，每个人都渴望得到他人的肯定，都想得到更好的发展。但要实现这个愿望，需要多方面的条件，最重要的就是能力！

业务技能精湛永远是做好本职工作的要件，也是竞争中的王牌。无论你目前的职位和工种是什么，只要你具备和工匠一样钻研的精神，不断提升专业技能，一样可以在平凡的岗位上做出不凡的成绩。

罗平在南方的一家煤炭公司任职，兢兢业业30年，从普通的烧锅炉员工到司炉长、班长、大班长，至今仍在锅炉运行岗位上坚守着。这份平凡的工作，却让他成了锅炉技师，成了国内颇有名气的"锅炉点火大王"和"找漏高手"；这个平凡的岗位，也让他实现了自身的价值，感受到了作为工人技师的荣耀。

说起来，很多人都不敢相信：罗平只要围着锅炉绕一圈，就能从炉内的风声、水声、燃烧声和其他声音中，准确地听出锅炉受热面的哪个部位管子有泄露声；往表盘前一坐，就能在各种参数的细微变化中，准确判断出哪个部位有泄漏点。不仅如此，他在用火、压火、配风和启停等方面，也有独到的见解。

　　罗平的学历不高，职务较低，工种也一般，但却成了公司上下公认的技术能手和创新能手。当下不少心浮气躁的员工，应该从罗平的经历中，有所体悟。你从事的工作类型、公司条件的好坏，都不是最重要的，重要的是你能静下心来钻研业务，坚持不懈地努力，力求达到专家的境界，在自己的岗位上做一个能工巧匠。

　　世界级管理大师大前研一在《专业主义》一书中写过："未来社会竞争的加剧，将促使个人、团体、企业越发地走向专业化，而非专业化的工作将逐渐在竞争中被淘汰。"所以，接下来我们要思考的是：如何提升专业技能？如何更好地为顾客、为公司、为社会服务？唯有不断向专业化靠拢，才能打造不可替代的自我价值。

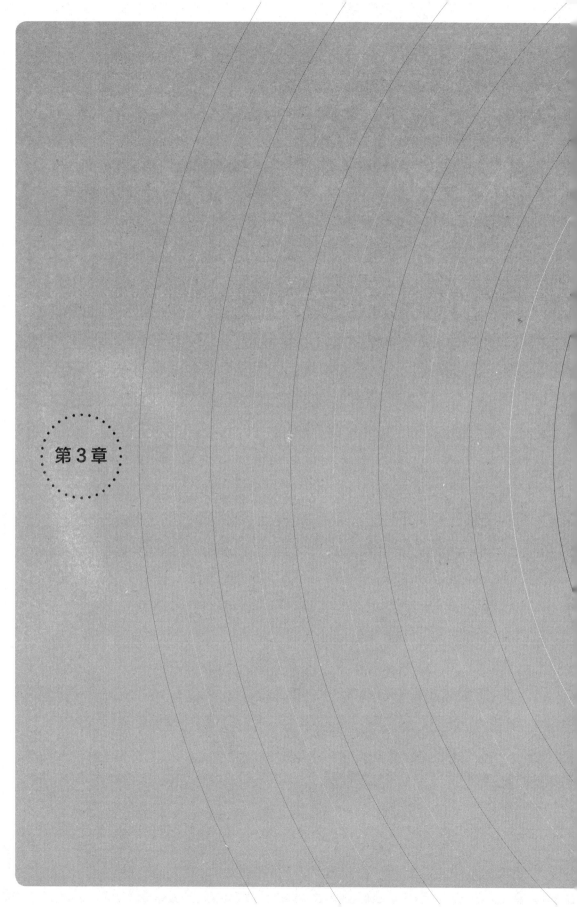

第 3 章

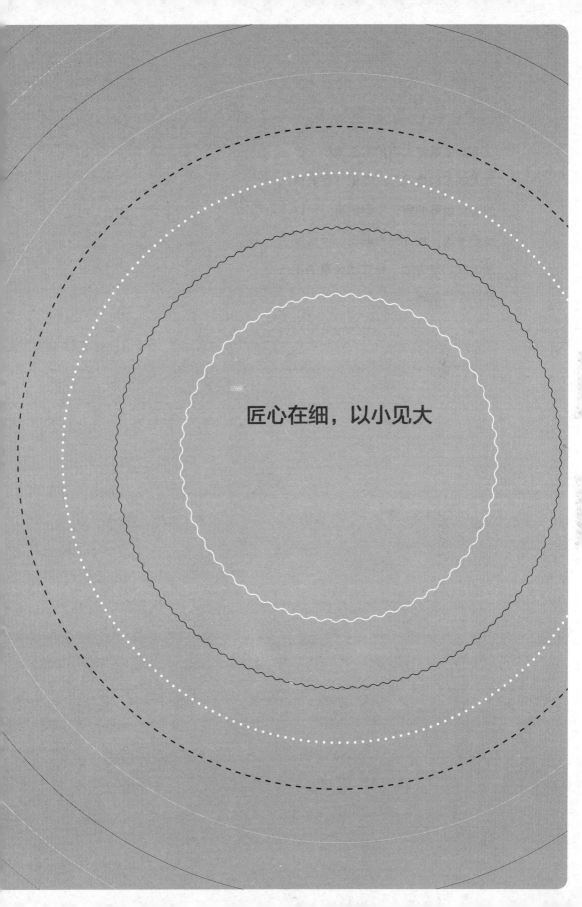

匠心在细，以小见大

芸芸众生能做大事的实在太少，多数人的多数情况还只能做一些具体的事、琐碎的事、单调的事，也许过于平淡，也许鸡毛蒜皮，但这就是工作，是生活，是成就大事的不可缺少的基础。

——汪中求

天才就是注意细节的人

泰山不拒细壤，故能成其高；江海不择细流，故能就其深。万事之始，事无巨细，很多东西看似微不足道，却能带来一系列的连锁反应，决定事情的成败。任何伟大的事业，都是聚沙成塔、集腋成裘的过程；任何经久不衰的艺术品，都是精雕细琢、反复打磨后的结果。谁能坚持不懈地把细节做到完美的境界，谁便能成为了不起的人。

雕塑巨匠加诺瓦的一项作品即将完成时，有人在旁边观摩。在那个人眼里，艺术家的一凿一刻，看上去是那么漫不经心，他便以为艺术家不过是在做样子给自己看罢了。然而，加诺瓦告诉他："这几下看似不起眼，实则是最关键的。正是这看似不经意的一凿一刻，才把拙劣的模仿者和大师真正的技艺区分开来。"

当加诺瓦准备雕塑他的另一件大作《拿破仑》时，突然发现备用的大理石纹理上隐约能看出来一条红线。尽管这块大理石价格昂贵，几经周折从帕罗斯岛运来，但就因为有了这一丝瑕疵，加诺瓦毅然决定弃用。他的凿子不是随意的，他要的艺术品当是经得起审视和考验的，绝不允许在细节上出现失误，哪怕只是一个隐患，也万万不可以。

戴维是法拉第的老师，两人共同在英国皇家学院工作。当时，奥斯特发现导线上有电流通过时，导线旁的磁针就会发生偏转，皇家学会的一位名叫沃拉斯顿的会员很机敏，他想："既然电能让磁动，磁能否也让电动呢？"带着这个疑问，他找到戴维，想共同做一个实验。

实验是这样的：在一个大磁铁旁边放一根通电导线，看它会不会旋转？结果，导线未动，戴维和沃拉斯顿就认定，磁无法让电动，今后也没再提起此事。两人算得上皇家学院里的权威人物，他们实验的失败，让很多人也确信了那个结论。但是，默默无闻的法拉第却不这么想，事后他开始独自跑到实验室里重新尝试，结果也失败了，且不止一次。

一天，法拉第在河边散步，看见一个孩子划着一只竹筏，巨大的竹筏被一个不到 10 岁的孩子自由调动。这样的情景，让法拉第茅塞顿开，他认为那根导线之所以不能转动，是因为拉得太紧！他赶紧跑回实验室，在玻璃缸里倒了一缸水，正中固定了一根磁棒，磁棒旁边漂一块软木，软木上插一根铜线，再接上电池。就是这样的一个细节变化，实验成功了。

回头看戴维和沃拉斯顿，他们的失败无疑是过于粗心，没有在失败后进行细致的反思。法拉第能做成这个实验，主要赢在了细致入微上。他是订书工出身，又受过美术训练，养成了注重细节的习惯。他有每天记日记的习惯，每次实验无论成功还是失败，都会记录在案，且会记录任何小事的发生。正因为此，他制造了世界上第一个简单的马达。

查尔斯·狄更斯在《一年到头》里写道："什么是天才？天才就是注意细节的人。"没有与生俱来的巨匠，几乎所有的成功者都有重视细节的态度，他们总能发现与众不同的东西，或是完成别人无法完成的任务，抵达别人难以逾越的高度。

人生目标是不断积累的过程，绝不是一蹴而就的。工作中没有任何一个细节，细到应该被忽略。就算是从事同一项工作，不同的人也会有不同的体会和成就。不拘小节在性格上也许是好事，但在工作上却不值得提倡。不屑于细节的人，做事永远是懒散消极的，而专注于细节的人，则会利用小事熟悉工作内容、加强业务知识，增强自己的判断力和思考能力。

约翰·布勒20岁进入美国通用汽车，入职后的第一件事，就是对工厂的生产情形做全面了解。他知道，一部汽车由零件到装配出厂，大约要经过10个部门的合作，而每个部门的工作性质都不同。当时，他就在想：既然想在汽车制造业里做出成绩，那必须得对汽车的全部制造过程有深刻的了解。为此，他主动申请从最基层的杂工做起。

杂工不属于正式工人，没有固定的工作场所，哪儿有需要就去哪儿。这份工作让约翰有机会跟工厂的各部门接触，对各部门的工作性质有一个初步的了解。做了一年半的杂工后，约翰申请到汽车椅垫部。很快，他就把制椅垫的工艺学会了。后来，他又申请调到焊接部、车身部、喷漆部、车床部等处工作，不到五年的时间里，他几乎把工厂的各种工作都做了一遍。最后，他又决定申请回到装配线上。

对约翰的举动，身边的朋友不解，毕竟在通用工作五年了，一直做的都是焊接、刷漆、制造零件等小事，担心他误了前途。约翰并不担心，他解释说："我不急于做某一部门的领导，我以领导整个工厂为目标，所以必须得花点时间了解整个工作流程。我现在做的就是最有价值的事情，我想知道整辆汽车是如何制造的。"

当约翰确认自己具备管理者的能力时，他决定在装配线上做出点惹人注目的成绩。由于在其他部门待过，他懂得各种零件的制造情形，也能分辨零件的优劣，为装配工作带来了很大的便利。没过多久，他就成了装配线上最出色的人物，从晋升为领班，到晋升为 15 位领班的总领班。

罗马不是一天建成的，我们要做的，是专注于建造罗马的每一天。要实现卓越的人生，就要从无数琐碎、细致的小事做起，不断地积累、完善、提升。在竞争日益激烈残酷的今天，任何细微的东西都可能成为决定成败的因素。

苛求是工匠的本能

一名好的工匠，当有良好的敬业精神，对每件产品、每道工序都凝神聚力、苛求细节的完美，就算是做一颗螺丝钉，也要做到最好。在这方面，德国的制造业做得也非常出色。

贝希斯坦是德国享誉世界的钢琴制造商，成立160多年来，它一直秉承着精益求精的态度来制造钢琴，将每台钢琴都当成艺术品来打磨。为保证琴技师的专业水准，贝希斯坦建立了一套学徒培养制度，2012年在全球仅招收2名学徒，2013年才开始增至每年6名。

该公司的服务部主管，也是钢琴制作大匠维尔纳·阿尔布雷希特说："学徒们需要进行三年半的轮岗学习，每个学徒会在每个部门待上1周至1个月，每个部门都派最优秀的老师亲自教授钢琴制造技能。"贝希斯坦不仅培养钢琴制作师，还为全世界培养钢琴服务技工。

而德国海里派克直升机责任有限公司的首席执行官柳青说："飞机安装环节要求非常严格，假如有6个螺孔，那么技师就只能拿到6个螺丝钉；如果掉了 1 个螺丝钉，无论如何也要找出来。"他们所使用的螺丝钉，跟我们平时用的不一样，是德国有关部门认证和许可生产的螺丝钉，价格比普通螺丝钉高 100 倍之多。

在飞机制造行业，谨慎和细致是工程人员必须具备的职业素养。倘若一个螺丝钉不小心丢了，尤其是关键部位的螺丝钉，很可能会出现严重的安全隐患。关乎生命的细节，绝对不容忽视。

有人会问，这样做不用考虑性价比吗？德国制造业的研发人，第一追求的永远是高品质的东西，"只求最好，不怕最贵"。因为这份专注，这份细致，德国企业往往穷其一生打造一件精品，选定了行业就一门心思钻下去，心无旁骛。

我们都知道，完美是不存在的，但不断苛求细节上的"更好"，本身就是一种完美的做法。就好像瑞士的顶级机械表，里面有几百个零件，最小的细如发丝，是瑞士一位顶级表匠全心投入制成的，一年只能制造出一只。制表的工匠对每一个零件、每一道工序、每一块手表都精心打磨，这种用心制造产品的态度就是工匠精神。

要发扬这种工匠精神，就必须告别形式上的认真，告别浮浮夸夸、马马虎虎，用心对待自己的工作，将每一个细节之处尽量做到完美。你要想比别人更优秀，就得在细节上比功夫，一个忽视细节、不会做小事的人，往往也难做出大事。

琐事也美丽

常听一些年轻人抱怨，说自己从事的工作很难有成功的机会。那么，成功的机会到底是什么？我想，下面这个故事或许能给出一点启示。

几个孩子想拜一位智者为师，智者没有马上答应他们，而是给了他们一人一个烛台，让他们坚持擦拭，保持光亮。结果，一天过去了，两天过去了，智者没有来。三五天后，智者还是没有出现。大多数孩子都失望了，觉得智者不会来了，也就不再擦拭自己的烛台。

数月后，智者突然出现，看到多数烛台都已蒙上了厚厚的灰尘。唯独一个被大家称为"呆子"的孩子，仍然每天擦拭，让烛台保持着光亮。最后，"呆子"成了智者的学生。

很多时候，我们想象中的机会，应当是闪着万丈光芒，惹得众人瞩目，可实际上，机会往往都藏匿在简单的、不起眼的、琐碎的小事中。许多人在职场奋斗了十年、二十年，依然平平庸庸、碌碌无为，究其原因就是对眼前所做的工作不屑一顾，没有实实在在地把它做好，只想着等待一个绝佳的"好机会"，结果一直没有等来。

企业领导需要的员工是什么样的？他们如何审视员工的工作态度？海尔总裁张瑞敏说："把每一件简单的事做好就是不简单，把每一件平凡的事做好就是不平凡。"GE公司前CEO杰克·韦尔奇则说："一件简单的小事情，反映出来的是一个人的责任心。工作中的一些小细节，唯有那些心中装着大责任的人能够发现，能够做好。"

面对一件简单的小事，也许你心里想的是：这么简单的事，做不做两可，就算做好了，也体现不出什么才能和价值，我天生是做大事的人。可是，当领导看到你对小事不屑一顾时，他多半会想：连小事都做不好的人，如何指望他能堪当大任？眼高手低！

澳大利亚有一家公司叫吉姆集团，创始人是吉姆·彭曼，集团前身是吉姆除草公司，这是彭曼先生攻读博士学位时为了自力更生创建的公司。我不知道彭曼先生最终是否获得了博士学位，但是我的确知道，现在吉姆集团在自己的本土澳大利亚，乃至新西兰、加拿大和英国有上千个特许经销商。无数奖项证明了该集团的杰出工作以及为经销商们所提供的无限机遇。

那么，它究竟是做什么的呢？

普通的事情。更准确一点就是那些忙碌的人们没有时间或者兴趣做的事情。

看看下面这些公司吧：

（加拿大）吉姆除草公司、（英国）吉姆除草公司、吉姆凉亭公司、吉姆游泳池维护公司、吉姆地毯清洗公司、吉姆屋顶公司、吉姆宠物狗清洁公司、吉姆安全门公司、吉姆篱笆公司、吉姆地板公司、吉姆窗户清洁公司……

与之类似，地下室系统公司是一家总部位于美国康涅狄格州的企业，它发展迅速，资产已经超过6000万美元。该公司老板名叫拉里·简斯基，他可以为你带来干爽的地下室。这样，地下室就可以成为极佳的储藏空间，或者没有潮气、没有霉菌、不会使人生病的家庭活动室，或者客房，一切由你做主。

　　我想传达的信息就是：对于任何人来说，把琐碎的小事做好做精也会产生巨大的效果。能将一个小小茶壶做好的制壶师和能让载人飞船上天的科学家都能被称作工匠，因为他们都能全情投入自己的事业，他们对事业的追求和付出都是一样纯粹、一样用心的，并没有什么区别。真正的工匠能将不那么时髦的事情变得非常时髦，让琐事绽放无与伦比的美丽。

　　做好小事的重要性，有时并不在于事情本身，而在于做事的态度。做好一件小事，并不需要耗费多少时间和精力，但要做好每一件小事，却相当不容易；在短期内做好一件小事，也不算太难，但要长期坚持做好一件小事，考验得却是一个人的耐心和毅力。

　　大学毕业之际，老师对学生提出了一个要求：离开校园后，每天坚持学习一个小时，十年后再相聚。时隔十年，师生再次相聚。老师问："大家还记得毕业时我说的那句话吗？"大家都说记得。可再问谁坚持住了？在座的学生中只有一个人举起了手，而他如今已是一家大型公司的副总经理。最后，老师说："学习一个小时容易做到，可坚持每天都学习一个小时却需要恒心。"

　　对待工作中琐碎的小事，如果这也瞧不起，那也看不上，到头来就是小事没做好，大事做不成，虚度光阴，一事无成。要知道，世界上一切事物都是由比它自身小的事物组成的。你所希冀的那些大项目、大工程，若想出色地完成它，势必也要将其细分到各个部门、各个环节，到最后也是数十件，乃至上百件小事构成的整体。期间，任何一个细节出了差错，都会致使全局受损。从这个角度上说，工作中其实是没有小事的。

　　对工作中的小事敷衍了事，这既是不负责任的态度，也是心浮气躁的表现。比尔·盖茨说："每一天，都要尽心尽力地工作，每一件小事情，都力争高效地完成。尝试着超越自己，努力做一些分外的事情，不是为了看到老板的笑脸，而是为了自身的不断进步。"如果你想成就一番大事业，就必须从大处着眼，小处着手，一点一滴地积累。

浙江民营企业家、正泰集团董事长兼总裁南存辉，如今的身家数以亿计。可在 1978 年，他却还是一名走街串巷的补鞋少年。刚开始做补鞋匠时，他经常扎破手指，但他丝毫没有抱怨，而是努力把活做好，赢得了客人的好评，也给自己赚了不少回头客。

回忆这段艰难的经历时，南存辉说："修鞋期间，我干得比别人好，因为我修得用心，质量可靠，速度还比别人快，每天赚的钱要比别人多。所以不管现在所做的事情多么平凡，都不要气馁，要力争在做小事时就出类拔萃。"

世界知名企业中的优秀员工，都有一个共同的特点，就是能够把工作中的每一件小事做好，能够抓住工作中的每一个细节。透过一件小事，我们看到的是一个员工的工作态度，以及他的工作水平和能力。一个能把每件小事都做到极致的人，必定能在纷繁复杂的工作中积累到比别人更多的宝贵经验，从工作中寻找乐趣，发现工作中隐藏的意义。

一件大事的失败往往是源于小事的疏忽，一件大事的成功却是诸多小事的集合。工作中没有任何一件事情小到可以被忽视，哪怕它简单到只是举手之劳，也要用心做好。

成败都在细处

国内的一家企业想要与外国的一家大公司洽谈合作项目，倘若洽谈成功，该企业将会拿到一大笔投资，可迅速拓展规模，迈入大型企业的行列中。为了这次洽谈，他们事先花费了大量的时间和精力做前期准备。

外方派了一位代表到中国进行实地考察，结果还颇为满意，这让中方企业很高兴。在外国代表回国的前一天晚上，中方在一家豪华酒店里设宴招待外方代表，还派出了十多位企业的中层领导陪同外方人员吃饭。起初，外方人员以为中方还有其他客人，后来才得知，这样的盛宴只为款待他一个人。

为了照顾好外方的人员，公司点了诸多名贵的菜肴，以至宴会结束后，桌上剩了大量的饭菜，有很多几乎就没动过筷子。外方代表回国后，中方接到了他们发来的传真，说要取消合作计划。这让中方企业百思不得其解。毕竟，企业各方面的条件都符合外方的要求，对外方代表也是盛情款待，有什么地方没达到他们的要求呢？

中方企业随即向外方询问原因，得到的回答是：贵公司作为一家中小企业，吃一顿饭就如此奢侈和浪费，我们如何能放心把大笔的资金投进去？就这样，一次大好的合作机会，被一顿饭的细节毁掉了。中方忽略的这个细节，恰恰让外方产生了顾虑，担心他们会在资金使用上奢侈浪费，导致生产成本的提高，间接提升产品价格，最终影响市场竞争力。

一招不慎，满盘皆输。工匠精神，不只是对个人而言的，更是对企业的一种提醒。

麦当劳把分店开到了世界各地，无论到哪儿都能看到那个醒目的黄色字母"M"。很多人都好奇，它是如何把餐厅发展到如此大的规模呢？其实，关键的问题就在于，细致化的管理和服务。

大家都知道，麦当劳的生产环节和做出来的食物都非常简单，可他们在管理和服务上的细致，却是其他竞争对手难以企及的。可以说，他们已经把细节深入到了公司的每一个环节里，让麦当劳的企业经营理念——质量、服务、清洁、价值，得到良好的执行。他们不断把各项管理和生产流程细节化、规范化、标准化。小到员工洗手，大到管理执行，全部有详细的规范说明和量化标准。例如，麦当劳规定，食品在制作后超过一定的时间必须丢弃，汉堡的时限是 15 分钟，炸薯条是 3 分钟。同时，它还详细规定了员工操作的每一个具体动作，如怎样拿杯子和开关机器等。恰恰是这种极其严格的标准，才让顾客无论到哪个国家、哪个地方，所品尝到的麦当劳的食物都是同一品质的。

对企业来说，细节决定着成败；对个人来说，细节一样关乎着胜负。

细节往往因其小而被忽视，掉以轻心；因其细而使人感到烦琐，不屑一顾。可就是这些小事和细节，往往是事物发展的关键和突破口。正如汪中求先生在《细节决定成败》一书中所说："芸芸众生能做大事的实在太少，多数人的多数情况总还只能做一些具体的事、琐碎的事、单调的事，也许过于平淡，也许鸡毛蒜皮，但这就是工作，是生活，是成就大事的不可缺少的基础。"

　　新时代的企业和员工，都应克服华而不实的作风，改变随意性、粗放性的管理和工作方式，多一点工匠精神。要知道，在艺术的境界里，细节就是上帝。

细节虽小重千斤

生活中人们通常都有一种心理，总觉得惊天动地的重要之事才值得用心去做，那些看似不起眼的、简单的，甚至谁都可以做的事情，没必要过分在意。最终，现实中的许多实例用结果告诉我们：越是简单的事，越不能马虎，越要细致地做好。

我们总在谈职业精神和职业素养，这多半不是在强调工作能力，而是探讨工作态度。在竞争激烈的职场中，越来越多的企业管理者开始更新对员工的要求标准："复杂的问题简单化，简单的问题细致化。"

请注意，这不是一句空洞的口号。很多时候，出色的业绩和过人的本领未必就比一些简单的小事更能体现员工的价值，至少在我所结识的众多企业家中，多半都认为"以小见大"是考验员工品质和能力的关键。只有认真对待每一件事情并努力将其做好的人，才是值得信赖和重用的人。

洛克菲勒说过："重视每一件小事，有了点滴的积累才能汇成大海。"罗蒙·诺索夫也说过："不会做小事的人，也做不出大事来。"

好大喜功、好高骛远，是现代人容易患的通病，内心装着的永远是一座需要用毕生精力翻越的高山,对身边的那些简单的小事却眼高手低,不屑一顾。殊不知,越是简单的事情,越不能大意。只有把小事、简单的事做细、做好,才具备做大事的资质和素养。人们常说:"一屋不扫,何以扫天下?"我想,这句话永远都不会过时。

无论生活还是工作,最容易犯下的错,往往是最难被谅解的,因为这是态度的问题。许多惨烈的结局,并非源自多么棘手的难题,而是细节上的疏忽大意,只要多用点心,就完全能够避免。道理谁都懂,可是这样的事情依旧每天都在上演。

为了争夺英国的统治权,理查三世和亨利准备决一死战。

战斗开始前,理查三世吩咐马夫备好自己最喜欢的战马。马夫对铁匠说:"快给它钉掌吧!国王要骑着它去打头阵!"铁匠不慌不忙地说:"您得等一等,前几天给所有的战马都钉了掌,铁片用完了。"马夫很着急,说:"不行,等不及了。"

铁匠摇摇头,继续埋头干活。他从一根铁条上摘下了四个马掌,依次把它们砸平、整形,固定在马蹄上,然后开始钉钉子。钉到第四个掌时,铁匠发现没有钉子了,于是他对马夫说:"我需要点儿时间再做两个钉子。"然而,马夫却不耐烦地说:"我已经告诉过你,我等不及了。"

"那我必须提醒你,如果你不等的话,我现在把马掌钉上,它不能像其他几个那么牢固。"

"那能挂住吗?"马夫又问。

"应该能,"铁匠说,"但我没有把握。"

"那好,就这样吧。"马夫喊道,"快点,不然国王会怪罪的。"

理查国王骑着马冲锋陷阵,鞭策士兵迎战敌人。突然,一只马掌掉了,战马跌倒了,理查国王被掀翻在地。受惊的马跳起来向远处逃去,理查国王的士兵也纷纷转身撤退，这时亨利的军队迅速包围上来。理查国王愤怒至极，在空中挥舞着宝剑，大声地吼道："马！一匹马！我的国家倾覆就是因为一匹马！"

自那以后，民间开始传唱一首歌谣："少一个铁钉，丢一只马掌；少一只马掌，丢一匹战马；少一匹战马，输一场战役；输一场战役，失一个国家。"

试想，平日里谁会把一个铁钉跟一个国家联系在一起？这看起来根本是风马牛不相及的事！可置身于现实中，一个铁钉的松动，最终却导致了一个国家的败亡，这就是忽略细节的结果，也是我们常说的"蝴蝶效应"——蝴蝶轻轻地扇动翅膀，尽管力量很微弱，却会引起一连串的连锁反应，最终导致其他系统的极大变化。

现代企业缺乏的不是完善的规章制度和管理制度，也不是满腹经纶的出谋划策者，而是对规章制度不折不扣的执行者和对工作有着精益求精之态的自律者。再好的决策，如果落实不到完美的执行上，落实不到各个环节的细微处，都不可能发挥作用，甚至还有可能落得满盘皆输的下场。

对于错误和隐患，无论它有多小，都不能听之任之，心存侥幸。很多时候，往往是那1%的错误导致了100%的失败。你忽视细节，细节就会变成魔鬼，唯有养成想事想周全、做事做细致的习惯，才能让事情朝着好的方向发展，减少不必要的麻烦。

技艺之细有穷尽，匠心之细无止境

他是玉雕界以薄胎器皿闻名的工匠，始终秉持"慢工出细活"的态度，相信只有用心观摩、精心设计、细致雕琢，才能诞生出精致玉雕作品。这位匠心至细的雕刻艺术家，就是俞艇。

俞艇出生在苏州东渚，说起他与玉雕结缘，还要追溯到20年前。

当时，一个外乡人在俞艇所在的村里开了玉雕厂，村民们并不知道玉雕是什么，只知道那个外乡人几天前拿在手里的玉石，经过一番雕琢后就变成了晶莹剔透的艺术品。村子里的人围坐在艺术家身边，欣赏着那件美轮美奂的玉雕，惊叹着他的雕刻技艺。俞艇当时也在其中，他静静地看着眼前的情景，没有发出任何惊叹。待人群散去后，他站在原地不动，痴痴地望着那件艺术品，对外乡人说："我要跟你学玉雕。"

那位外乡人是俞艇的亲戚，也是一位雕刻艺术家。自从他搬到村里后，俞艇对他更是形影不离。艺术家拿刻刀刻，他在一旁观摩；艺术家端详图纸，他也在一边琢磨。起初，艺术家以为俞艇只是看热闹，却不曾想，他会冒出学艺的想法。

看到俞艇认真的神情，艺术家对此颇为感动，但还是摸了摸他的头，语重心长地说："学这手艺你可要想好了，先别考虑赚钱。"俞艇点点头，说："我就是喜欢，喜欢！"

事实恰如俞艇所言，他就是真心喜欢艺术。在学校读书时，他偏爱画画这门课，画村前杨柳岸，画山后桃花路，每幅画都栩栩如生，这种偏执的热爱让他对其他的功课都丧失了兴趣。俞艇生性安静，有时独站在村口看景，可以半天不回头，直到在心里勾勒出一幅画，跃然纸上。

俞艇学习过泥塑，做过高档家具的漆匠，依照当时的市场行情来说，那两项都是赚钱的手艺活。但他不喜欢，用一辈子的精力去做不喜欢的事，非他所愿。如今遇见了雕刻家神奇般的技艺，他迸发出了一种激情，极其渴望去尝试这项手艺。

见他如此真诚，确是热爱这门技艺，雕刻家当即决定，收他为徒。从此，俞艇走上了玉石雕刻艺术之路，这一走就是20年！

俞艇早期雕刻的是动物，但雕刻动作的人很多，作品不计其数，他不愿随波逐流，便决定改变风格。他很热衷于研究浮雕、屏风等，从文化中汲取创意。为了开辟新的风格，他无数次北上，去故宫博物院，与古老的艺术对话，和远逝的精神沟通。从前，他只是喜欢玉，但通过这一系列的潜心研究，他爱上了玉的精神。

从那时起，他开始坚持自己创意，从不模仿和抄袭。他说玉石雕刻是手艺活，更是用心来完成的。倘若将一件作品看透，看出其精髓所在，离开了也能记起有哪些线条，创作就不远了。这20年来，俞艇雕刻的作品无数，但没有一件是仿照的，没有一件是一模一样的，这让他颇为自豪。

一个独具匠心的工匠，从态度到技艺都有其细腻之处。

对俞艇来说，他把玉雕作品当成自己的孩子。倘若有顾客找他量身定做点雕刻东西，他是有选择性的，绝非给的价钱高就接受。虽是生意，但他秉承的是尊重材料，尊重玉的文化。有些玉不适合做某种物件，他断断不会做，艺术首先考虑的不是经济价值，而是艺术价值。

他说，所有的玉雕作品都是自己的孩子，无论走到哪儿，都能一眼认出来。倘若有人出高价买你的孩子，你会心动吗？显然不会。那些费尽心血雕刻的艺术品，倘若被顾客请走了，他也会约法三章：一旦要办个人展览，都必须将"孩子"领回参展。这份对艺术的尊重和热爱，打动了爱玉的顾客，所以这些年，俞艇总能如愿以偿。

对自己的作品，俞艇一直处于不断追求更好的状态，专注于细节的完善。他习惯把雕刻成功的作品放下搁置，一件东西完成后，过一两年的时间，他会重新拿出来再雕琢。倘若东西被人请走，他也会上门回访，做一些修缮。他说，人沉浸在成功里沾沾自喜是十分有害的，要善于给自己挑刺。

可能有人觉得，作品只要在生意场上说得过去就行了，但这恰恰是工匠所不能容忍的。作为雕刻家，俞艇坚守在自己的阵地，不趋利、不媚俗，让审美观永远处在高端。在玉雕界摸索了十多年后，俞艇决心尝试薄胎器型，他着手的器型叫"天官双耳炉"。2007年，他从春天到盛夏，整整七个月的时间，把所有的精力都投入到这件作品上，从古代青铜器和瓷器上找花纹、线条和灵感，最终运用多种玉雕技法，成功地雕刻出了这件艺术品。令他欣慰的是，这件作品是青玉制成的薄胎，看起来细腻通透，没有轻飘的感觉。

做玉雕是一件精细的活，而俞艇还要在精细前加一个"更"字。

古人规定 1.6 毫米以下算薄胎，而他做过的最薄的只有 0.5 毫米，其精细程度可想而知。对玉雕师来说，掏膛这门绝活不是人人都可以驾驭，悟性高的人几年可以上手，悟性不高的一辈子都做不了。做这件事需要胆大心细，胆子太小的人掏膛如小鸡啄米，太耗费时间；胆子太大的人容易鲁莽，不小心给内膛做出"伤"，废掉好作品。这些年，俞艇一直坚持"慢工出细活"。一个月能完工的作品，他通常要用三个月，真正好的东西需要不断地打磨，艺术品是成年人的玩具，若是雕琢不好，就没有赏玩的心情。

从俞艇身上，我们感受到的是一个玉雕工匠的细腻、严谨和慎独，所有的作品，都秉承着"细"的理念，先让自己对作品感到满意，不惜花费光阴岁月去打磨、去修缮。他不是在为顾客做东西，而是在为自己做东西。正因为此，他才收获了无穷的快乐，他的作品才能独具特色，震撼人心。

一件精美的艺术品，无论是整体外观，还是细节之处，都经得起观摩。至于那些仿冒的赝品，乍一看还不错，细细玩味却会发现诸多的纰漏。

做人做事也是一样，只想着大的目标，细微之处不用心，最后的结果可能就是事与愿违；而那些用心做好每一件简单之事的人，虽未有豪言壮语，结局却不会太差。因为，越是简单的事，越是细微的地方，越能考验一个人的素质。

细节，凸显的是一个人的工作态度，一个企业的文化精神。我们尊敬那些优秀的工匠，是因为他们认真地对待自己作品的每一处细节。我们要学习的，恰恰是他们那种尽善尽美的态度。无论从事什么岗位的工作，若能尽职尽责，完善工作中的每一个细节，纵使岗位平凡，也能做出不凡的成绩来。

伟大往往藏身于平凡中，把小事当成大事去做，不仅提升了小事的价值，自身的价值也会随之提升。即使在平凡的岗位上，一样能成为出色的工匠，挖掘到你想要的东西。

第4章

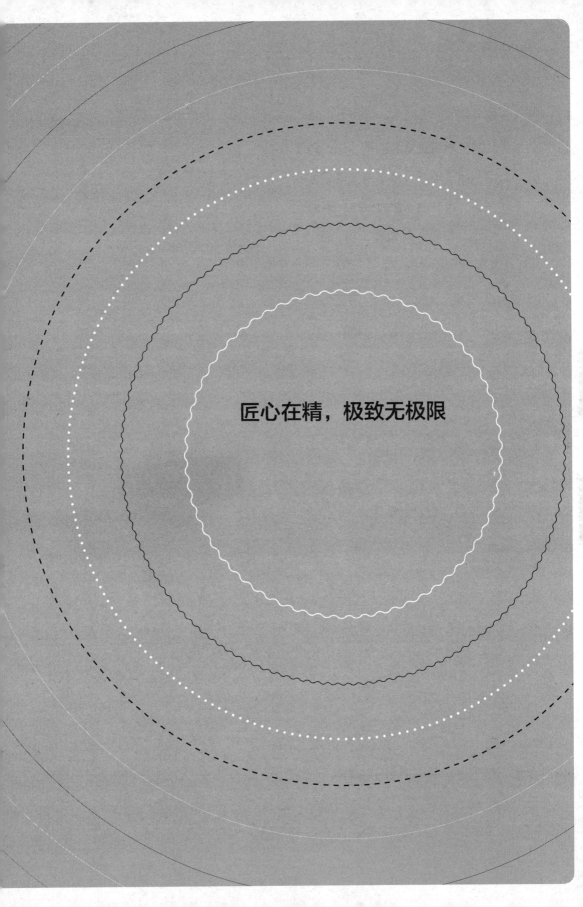

匠心在精，极致无极限

比其他事情更重要的是，你们需要
尽职尽责地把一件事情做得尽可能
完美。与其他有能力做这件事的人
相比，如果你能做得更好，那么，
你就永远不会失业。

——麦金莱

工匠的世界没有"凑合"

朋友结婚前夕，在一家店里定做西装，在他们给朋友量尺寸时，我注意到了一个细节。旁边做工的一位年轻的裁缝，在西服挂完了里子要封口时，她总是费力地把衣服从那个开口处翻出，然后拿着一把小剪刀，仔仔细细地剪掉上面的线头。我问她："为什么要剪掉那些线头呢？把封口封住，一直穿到旧也没有人看得到啊？"

裁缝的回答，我至今记忆犹新。她淡淡一笑，说："别人看不到，我看得到啊！要是不剪掉线头，我心里会不舒服。"

一个线头剪不剪，不会成为他人关注的焦点，也没有顾客会去刻意挑剔。可对于一个内心装着"完美标准"的裁缝来说，这却是一项不可或缺的工作程序。在她心目中，做事就要尽善尽美，否则就是对顾客的不负责任，就是对自己的不负责任。而拥有这样追求完美的裁缝的店铺，何愁不受顾客的青睐呢？

所谓"工匠精神"，一是热爱自己所做的事，追求完美和极致；二就是技艺上精益求精，精雕细琢。在工匠们的眼里，只有对质量的精益求精、对制造的一丝不苟、对完美的孜孜追求，除此之外，没有其他。

对工匠来说，任何的手工制品，一旦有什么瑕疵，他们决不允许这样的东西从自己的手中流出，就算是再小的瑕疵也不行。他们非常在意自己的声誉，有时宁愿赔掉成本也不愿破坏自己的名声。

而当下，我们不少人在接受一项任务时，脑海里想的无非是：我要完成任务，我不能出差错，这件事做好能加薪升职。这是一个很常规的思维模式。鲜有人在接受任务时会想：我一定要竭尽全力把这件事情做到最好，追求极致的完美。

心态决定状态，想法决定结果。只想着完成目标的人，所有的关注点都在"完成"二字上，至于完成的质量如何、效果如何，皆不在考虑之内；只想着不受责罚的人，做事时往往会投机取巧，突出自己的功劳，逃避应有的责任。唯有想着如何把工作做到最好，用完美的标准去要求自己的人，才可能在执行的过程中全力以赴、精益求精。

若能完成 100%，绝不要 99%。在工匠的世界里，99% 和 0 没有什么区别，他不会忽略那个看起来微不足道的 1%。恰恰就是这 1%，最终成了平庸与精英、失败与成功的分水岭。各行各业的精英，往往都是跟 1% 较真的人，这个世上任何宝贵的东西，如果不付出全部精力、不畏千辛万苦地去做是很难成功的。

著名的小提琴制造家斯特莱底·瓦留斯先生，每制作一把小提琴，都要经过不少岁月。他所制造的成品现在已成稀有之物，每件价值万金。另一位出色的雕刻家，每次朋友去看他时，都发现他在忙于同一件雕塑作品的修改润色。对那些细微到别人看不到的地方，也不放过——艺术的完美就在于精益求精。

完美在工匠的心中，在每时每刻的言行举止中。工匠的世界里没有"凑合"二字，不会总想着做好做坏无人发现，无人留意，而是秉持着一种自律和信仰，将每件事情主动做到最好，哪怕是在没有人监督的情况下，也不放松对自己、对产品的高标准。

真正的工匠心中没有顶峰

"你必须要爱你的工作，你必须要和你的工作坠入爱河……即使到了我这个年纪，工作也还没有达到完美的程度……我会继续攀登，试图爬到顶峰，但没人知道顶峰在哪里。"

说这番话的人，是一个敬业、执着、追求卓越的日本工匠，他是全球最年长的米其林三星寿司大厨，师傅中的师傅，职人中的职人。日本将他视为国家珍宝，而他到了91岁高龄，还沉浸在自己的寿司旅程中。他，就是纪录片《寿司之神》的主角，小野二郎。

小野二郎的寿司店名叫"数寄屋桥次郎"，位于东京繁华的银座地下室，看起来低调简朴，只有10个座位，甚至厕所都在室外。可即便如此，它还是被米其林授予了三星标准。在解释这个星级标准时，米其林的评审员说："无论吃过多少次，小野二郎的寿司总是令人惊叹，因为那里从来没有让人失望过。"

到小野二郎的寿司店用餐，需要提前一个月订位，预定价格三万日元起（折合人民币1800元左右），店里没有常规菜单，只有当日主厨定制菜，一餐15分钟，人均消费数百美元，可即便如此，吃过的人还是感叹，这是"值得一生等待的寿司"。

小野二郎是如何把一家寿司店经营得如此成功，乃至让世界各地的老饕慕名而来呢？说起秘诀，他完全是沿袭了日本式管理中的绝招：用精益求精的态度，把一种热爱工作的精神代代相传，这种精神就是"工匠精神"。

小野二郎为了他所热爱的寿司事业，潜心研究了六十年之久。可以说，他一生都在做寿司，追求细节和品质，专注于这种料理，永远要求自己以"最美味的寿司"招待顾客。从食材的选购到最后的捏制，每一个环节的微末细节，他都做到了自己能力范围内的最好，整个过程严谨细致。

在选材方面，从大米到各种海鲜，小野二郎都有自己特定的供应商。这些供应商对食材品质也是极其考究的，每一个环节的供应者都是所在领域的达人或专家。比如，鲔鱼店的老板，如果市场上鲔鱼最好的只有一尾，那么他就只买那一尾；虾店的老板，看到大虾的时候，就会想到它适合小野二郎；米店的老板非常珍惜食材，声称"只有小野二郎说我可以卖，我才会卖给其他饭店"，他们给小野二郎提供的食材，永远都是最优质、最新鲜、最独特的。

在处理食材的过程中，他对学徒们的要求也是严苛的，每一个细节都必须尽善尽美。要达到这样的目标，一是靠天赋，二是靠反复地练习。学徒们在小野二郎这里感受到的，是严于律己和不断追求进步的价值观。

在小野二郎的店里做学徒，先要学会的是拧毛巾。毛巾很烫，一开始会烫伤手，这种训练非常辛苦，但如果学不会的话，就不能去碰鱼。接着，学徒要学会用刀料理鱼，十年后才会被允许去煎蛋。在别人看来，热毛巾、香茗、茶具、配菜箱、料理盒、煎蛋器、道具、芥末、生姜片等，都是跟寿司搭配的简单素材，可小野先生对此却都有特别的要求。

制作寿司的时候，小野二郎也是力求完美的。他对顾客观察得很仔细，会根据性别调整寿司的大小；精心记住客人的座位顺序，记住客人惯用左手还是右手，进而调整寿司摆放的位置。整个过程就像是乐章一样，按照特定的旋律来进行，他从头到尾只做寿司，所有的心意都只用寿司来传达。

为了保证米饭的口感，煮饭的锅盖压力之大需要双手使劲才能打开；从前的虾是早晨煮好后放入冰箱直到上菜前取出，现在是将虾煮到客人光顾前才取出；为章鱼按摩的时间从半小时增加到 40~50 分钟，只是为了让肉质变软。在制作寿司时，他显得格外冷静、严肃，举手投足间都有一种庄重的仪式感。

伟大的工匠都有着相似的特性：态度认真，坚持己见，饱含热情，一心提升自己的技艺，有着完美主义的倾向。小野二郎强调，自己是一个真正的职人，会找到最好的食材，用自己的方式处理，不在乎钱和成本，只为做到最好。他曾经说："重复一件事，使之更加精益求精，但永无止境。"

在这个讲求效率、力求获得利益最大化的时代，无论是态度还是人心，都显得分外奢侈。随着时间的推移，古老的制造工艺不断流失，美食文化的也有不可逆转的损失。可是，在小野二郎这里，却十分注重延续和继承。他的长子小野帧一已经 50 岁了，却尚未接班。在日本，传统是长子继承父业，只有一人能当大厨。为此，他的次子小野隆就开了一家分店，降低寿司价格，他说："在父亲那里倍感压力的食客，来这里会轻松些。"小野二郎对次子的决定是这样说的："我知道他做得好，准备好了，才会放他走，但他必须自己走出一条路。"

小野二郎从来不厌倦自己的工作，且为之投入了一生。他说，纵然自己到了 85 岁，依然不想退休。当一个又一个精致美味、独一无二的寿司在他的指尖下诞生时，没有人不对其心生敬意。是的，他有着用生命去做寿司的使命感，有着将毕生岁月献给一门手艺的匠心，更有着执着于最高技艺的专精态度。

"这是我能做得最好的吗"

工匠精神不是虚妄的口号，而是一种人生选择，代表着坚定、踏实，散发着精益求精的气质。这个世上任何宝贵的东西，如果不付出全部精力，没有务求完美的态度，都是难以做好的。

在全球市场的竞争中，以追求完美著称的德国人，可谓是"精良"产品的代言。德国人素来以近乎呆板的严谨、认真闻名，比如我们在看到奔驰和宝马汽车时，就能够感受到德国工业品那种特殊的技术美感。无论是外观设计，还是发动机的性能，几乎每一个细节都是无可挑剔的，而这恰恰反映出德国人对完美产品的无限追求。

是什么造就了德国人的严谨、认真，并在国际上享受殊荣呢？

答案就是工匠精神！德国产品之所以精良，是因为德国人追求的不仅仅是经济效益，而是把内心的信念、务实完美的态度融入产品的生产过程中。

我的一位朋友是国内某房地产公司的老总，提起德国人的做事态度，他深有感触。在 20 世纪 80 年代时，他们与德国的一家公司有过合作，当时负责人是一位德国工程师，为了拍摄项目的全景，原本在楼上就能拍，可德国工程师却坚持徒步两千米爬到一座山上拍，为的是将周围的景观拍摄得更加全面。

当时，朋友问他，为什么要这样做？这位德国工程师回答："回去后，董事会成员向我提问，我要把整个项目的情况告诉他们才算完成任务，不然就是工作没做到位！我的个人信条是，我要做的事情，不会让任何人操心。任何事情，只有做到 100 分才合格，99 分也是不合格的。"

我们知道，标准大气压下，当水温达到 99℃ 时，水不会沸腾，其价值是有限的；如此此时再加热一会儿，再多添点柴火，让水温再升高 1℃，水就沸腾了。然后呢？这开水既可以饮用，也能够产生大量水蒸气开动机器，继而获得更大的动力和经济价值。

工作跟烧水是一个道理。你达到了 99℃，依然不够，差 1℃，结果却完全不同。所以说，唯有秉持务求完美的态度，才能把事情做到极致，拥有最好的结果。对个人来说，这种做事的态度直接决定着个人的前程和发展。美国总统麦金莱说过："比其他事情更重要的是，你们需要尽职尽责地把一件事情做得尽可能完美。与其他有能力做这件事的人相比，如果你能做得更好，那么，你就永远不会失业。"

某公司新进了一个做文案的女孩，自诩专业能力很强，做事很麻利，但态度略显随意。一次，部门经理让她为一家大型企业做广告宣传文案，女孩自以为才华横溢，用了一天的时间就把方案做完。部门经理看过后，觉得不太满意，又让她重新起草了一份。结果，女孩又用了两天时间，重新起草了一份，上司看过后，虽觉得不是特别完美，但还算说得过去，就直接递交给了老板。

第二天，老板让部门经理把女孩叫进自己的办公室，问她："这是你能写出的最好的方案吗？"女孩有点犹豫，说："嗯……我觉得，还有一些改进的空间。"

　　老板立刻把方案退给女孩，女孩什么也没说，径直回到了自己的工位上。调整好情绪后，她再次修改了一遍，重新交给老板。结果，老板还是那句话："这是你能写出的最好的方案吗？"女孩心里还是有些忐忑，不敢给予肯定的答复。于是，老板又让她拿回去重新斟酌。

　　这一回，女孩不敢草率了，她认真琢磨了一个星期，彻底地修改润色后才交了上去。老板盯着女孩的眼睛，问的还是原来那句话。女孩较前两次从容了许多，信心满满地说："是，我觉得这是最好的方案。"老板笑了，当即说道："好！这个方案通过。"

　　老板没有直接告诉文案到底该怎么做，也没有指责部门经理做事不够严谨，而是用严格的要求来训练下属主动将事情做到完美。当最初和最后的两份方案呈现在眼前作对比时，任何言语都显得苍白无力，因为事实证明了女孩完全能够做到更好。

　　只有不断地改进，工作才能做好；只有尽职尽责，才能尽善尽美。工作中，我们也应当经常自问："这是我能做得最好的吗？"随后就是不断地改善。前后比较，其结果不需要别人评判，我们自己就能一目了然。

　　在一座宏伟气魄的建筑前，有句格言感人至深："在此，一切都要尽善尽美。"

　　粗劣的生活源自粗劣的工作，敷衍了事会摧残梦想、放纵生活、阻挡前进。人类史上的诸多悲剧，都是由于粗心、退缩、懒惰、草率造成的——宾夕法尼亚的奥斯汀镇被淹没，无数人死于非命，原因就是筑堤工程质量不过关，简化了设计中的筑石基，导致堤岸溃坝。

　　倘若我们都能秉承一颗匠心，带着责任感去做事，那么悲剧的发生率会大大降低，而个人的高尚品格也能从工作中得到升华。无论你的岗位是什么，都不要忽视它，伟大的机会就潜藏在平凡的职业和卑微的岗位上，只要你能将本职工作做得更完美、更精确、更高效，在每完成一件任务后，都能问心无愧地说一句"我已倾尽全力"，就会无往而不胜。

永远不要推说时间不充裕而做粗劣的工作，生活有充足的时间让我们去完善润色，缔造完美。当你在感叹如巴尔扎克一样的大匠的声誉时，也请效仿一下他们的行事作风，肯为一页小说、一个细节花费一周乃至更久的时间，从不轻率，精益求精。

投机取巧的人与精进无缘

一位企业管理者提起公司里的一些年轻员工时，常会发出这样的无奈之声："现在的年轻人工作热情不如从前的员工，完全就是听之任之。看见领导了就装模作样地工作，领导一走，马上就进入自己的娱乐天地。对这样的员工，我打心眼里是不喜欢的。作为年轻人，无论职位是什么，都应当有饱满的热情，这样客户或领导才愿意把工作交给你做；如果总是不求上进，还满腹牢骚，就会成为整个公司的负能量。"

人活在世上应当有所作为，而成就事业的关键在于是否有积极进取的精神。无论是大成功还是小成绩，都与投机取巧、胸无大志的平庸之辈无缘。

刚参加工作的时候，父辈告诫过我一番话："无论将来从事什么工作，如果你能对自己所做的事充满热情，你就不会为自己的前途操心了。这个世界上，粗心散漫的人到处都是，而对自己的工作善始善终、充满激情的人却很少。"

这番话，我当时似懂非懂，但一路走到现在，自己体会，旁观他人，方才理解了它的深意。

我身边的一个设计师朋友，他现在有自己的独立工作室，在业界也有些名气，可即便如此，他依然在业余时间不断进修，通过互联网了解和学习国外优秀设计师的作品，找出自己的差距，树立职业偶像，用心智推动自己的进步。每做一篇设计稿，他都会反复打磨、修改，为的不只是满足客户，而是要达到自己对作品品质的要求。

当很多人在熟悉领域内对工作感到倦怠，抱着得过且过的态度时，他放下了被时间、利益驱赶着的焦躁和疲乏，将温度和情感浓缩进所有的作品中。所以说，工匠不只是有手艺就行，还当有不断追求更好的匠心。

成功都是没有上限的。所有的名誉、头衔、职位，并不能代表你的一生。真正的工匠无论取得了怎样的成就，都不会自满。他们永远把目标定在明天，定在下一个，这也意味着他们未曾松懈对自己的要求，也意味着他们淡泊了金光闪闪的成功光环，从而不断进步。不断追求手艺上的进步是一件难能可贵的事情，人只有放下眼前的成就，不断地超越自我，才可能获得长久的成功。

心态决定状态，想法决定结果。

只想着完成目标的人，所有的关注点都在"完成"二字上，至于完成的质量如何、效果如何，皆不在考虑之内；只想着不受责罚的人，做事时往往会投机取巧，突出自己的功劳，逃避应有的责任；只有想着如何把工作做到最好，用完美的标准去要求自己的员工，才可能在执行工作任务时全力以赴、精益求精，若能完成100%，绝不只完成99%。

投机取巧的心态，只会使人在无所事事中退化，最终堕落。也许，你曾看到有人借助这样的方式获得了便利，节省了一些时间和精力，但我要提醒你，这只是表象！你不曾看到的，是心灵的堕落，品格的摧毁。请记住：一个人选择了投机取巧，很难取得长久的成功；一个企业选择了投机取巧，只能做产业链里附加值最低的环节；一个民族存在投机取巧的文化，那么它就很难屹立于世界之巅。

方法总比困难多

很多员工把业绩不好的原因归咎于外部环境，如整个行业不景气、内部的激励制度有问题、销售渠道过于狭窄等，总而言之一句话：不是我不努力，是实在没办法！

每当听到这些解释时，我就给他们讲一件和奥运会有关的事。

当北京申奥成功的消息传出时，举国沸腾。大家都在为中国的国力得到承认而高兴。可是，很少有人知道，在 1984 年以前，奥运会并不是每个国家都想争办的事情，愿意和敢于去申办奥运会的国家没有几个。原因很简单，在很长的一段时间里，举办奥运会是赔钱的。

1984 年，美国洛杉矶奥运会的举行，成为一个历史性的转折点。这届奥运会，美国政府没有掏一分钱，反而盈利 2 亿多美元，可谓是创造了一个奇迹。

这个奇迹的缔造者，是一个名叫尤伯罗斯的商人。最初，尤伯罗斯并不愿意接受这项任务，可他终究没能架得住一而再，再而三的邀请，只得点头同意。尤伯罗斯把整个奥运活动跟企业、社会的关系进行了全方位的考虑，并想出了很多能让奥运会赚钱的点子。其中，最绝妙的应当是，拍卖奥运会实况电视转播权，这在历史上可是从来没有过的。

刚开始，工作人员提出的最高拍卖价是1.52亿美元，这在当时已经称得上是"天文数字"了，尤伯罗斯却说："太保守了！"之所以这样说，是因为他发现人们对奥运会的兴趣在不断高涨，这已是全球关注的热点了。电视台利用节目转播，已经赚了很多钱，倘若采取直播权拍卖的方式，必然会引起各大电视台的竞争，价格也会不断抬高。

一切，恰如尤伯罗斯所料。最终的结果，仅仅是转播权一项，就为他筹集到了2亿多美元的资金。

美国作家理查德·泰勒在《没有借口》一书中说过："你若不想做，会找到一个借口；你若想做，会找到一个方法。"回到文章的最初，再结合尤伯罗斯的事迹，我想这应当是对成功与失败的原因最合理、最恰当、最巧妙的解释了。

一个人能否做成、做好一件事，关键在于态度。你若总想着去找借口，心安理得地逃避，不去采取行动，并安慰自己说"我没有真正放弃这件事，我只是没办法"，那结果只能是失败。你若抱着必胜的信念，一门心思考虑如何来解决困难，绝对不给自己找半点退缩的理由和借口时，那你往往就能够找到解决问题的办法。

1953年11月13日凌晨3点钟，丹麦首都哥本哈根消防队的电话响起，22岁的消防员埃里希接到一位女士的求救电话，对方称自己撞到了头，流了很多血，头晕得厉害，且无法说清楚自己的姓名和住址。

埃里希让这位女士不要挂电话，随即开始联系电话公司，查询来电者的信息。不料，接电话的人是守夜的警卫，根本不知道如何查询，且当天是周六，无人值班。他挂上电话，问那位女士是如何找到消防队的电话的？对方说，消防队的电话就写在话机上。埃里希问，那是否有你家电话的号码？那位女士说，没有。

埃里希又问对方，能否看到什么东西？窗户是什么形状的？她是否点着灯？以此来判断她所在的区域。当他还想继续问下去的时候，电话里不再有任何声响。埃里希知道，必须马上采取行动，否则对方会有生命危险。可是，能做些什么呢？

埃里希打电话给上司，陈述案情。不料上司却说："没有任何办法，不可能找到那个女人。"说这番话时，上司还带着埋怨的语气，指责那位女士占了一条电话线，万一哪儿发生火灾，会误了大事。

埃里希并不想放弃，他谨记救命是消防队员的天职。突然，他灵机一动想到了一个妙招。十五分钟后，20辆救火车在城中发出响亮的警笛声，每辆车在一个区域内四面八方跑动。电话那头的女人已经不能再说话了，可埃里希仍然能够听到她急促的呼吸声。

十分钟后，埃里希喊道："我听见电话里传来警笛声！"队长透过对讲机下令，让警车逐一熄灭警笛，直到埃里希听不到警笛声，以此确定来电者在哪辆救火车所在的区域。确定之后，再让这辆警车在区域内巡逻，以警笛声音的大小来判断具体的地点。

终于，区域确定了。这时，队长用扩音器大声喊道："各位女士和先生，我们正寻找一位生命垂危的女士，她在一间有灯光的房间里，请你们关掉自家的灯。"所有的窗户都变黑了，除了一个。

过了一会儿，埃里希听到消防队员闯入房间的声音，而后一个声音向对讲机说："这位女士已失去知觉，但脉搏还在跳动。我们立刻把她送往医院，相信还有希望。"海伦·索恩达，那位女士的名字，她得救了。几个星期后，她恢复了记忆。

一件几乎被认为不可能的事，在埃里希的坚持和努力下，竟然做成了。这无疑再次印证了那句话——"如果你真的想做一件事，你一定会找到一个方法；如果你不想做一件事，你一定会找到一个借口！"

人需要那么一点点 "不知足"

　　我有一位客户，初识时就告诉我，他是一家公司的市场部经理。他强调自己的 "身份"，是觉得自己能够走到这一步意味着一种成功，但他也说，这份成功有幸运的成分。

　　论能力来说，他不是出类拔萃的；论业绩来说，他也不是佼佼者；论忠诚来说，似乎也够不上，他有过好几次离职的想法，只是不知道离开公司后该去做什么，就留了下来。许多跟他一起进公司的同事，先后都跳槽了，他就顺理成章地变成了公司里的 "老人"。碰巧的是，前任市场部经理因在营销方向上跟老板产生了分歧，几经商议无法调和，最后分道扬镳。眼见着市场部经理的位子空了，老板事情太多又无暇去做一些管理方面的事，就想着从公司内部提拔一个。经过再三考虑，他的资历是最老的，也就抱着赌一把的心态将这个职位给了他。

　　突如其来的晋升，让他受宠若惊。他心里有些犹豫，主要是缺乏自信，可既然老板已经这么安排了，他也只能硬着头皮往前走了。稀里糊涂地开始了市场部经理的工作后，他也做出了一点成绩，拉来了几个小单子。正当他对自己的实力逐渐有了信心时，公司却因为亏损过于严重，致使几个大的股东撤资，无法继续经营了。

就这样，做了三个月市场部经理的他，位子还没坐热，就被迫失业了。可是，接下来的路该怎么走呢？他心里很清楚，自己做市场部主管的时间不长，论能力和经验还有很大的不足，可不管怎样，自己是从这个位置上"失业"的，下一份工作起码也得跟这个职位的级别差不多，否则心理上都觉得不平衡。

也许是出于虚荣吧，他把自己的简历"完善"了一下，把自己做主管的时间延长到了一年，然后就开始了长达数月的面试之旅。现实是残酷的，基本上每个公司对市场部经理的职位要求都很高，面试的过程也不仅仅是交谈两句，有几家公司完全是通过实践来考验，他的能力不足、经验欠缺，在面试中全都暴露了，最终没能被录用。

一次次地遭到拒绝，浪费时间是小，打击自信是大。他陷入了艰难而尴尬的抉择中：不想做普通员工，经理的职位又应聘不上，在职场混迹了七八年，却成了"高不成低不就"。在这样的境遇下，他找到了我。

听了他的经历后，我告诉他："你很幸运，多年的努力换来了老板的认可，并顺利晋升；但你不够理性，短暂的主管经历在你心里形成了一道荣耀的'光环'，你一直在受它的困扰。想要走出现在的境遇，就要忘记这一道'光环'，不能总想着'我以前是市场部经理'，这才能让你真正地认识自己，而不是只看到那个被夸大的自己。与此同时，你还要思考，自己是否真的具备了担任主管的才能和经验？"

这时他才明白，是他没有摆正自己的位置。回想整个过程，他能晋升为市场部经理并非因为能力强、业绩突出，而是偶然的机遇和资历的原因。如果没有这两个条件，那么他和普通的员工并无差别，这也是他为何在后来的面试中屡遭淘汰。尽管工作的年限久一些，可在公司高层看来，这种资历并不意味着具备相应的市场价值，一个人的价值与他渴望的薪资、职位不符，显然不会被接纳。

深入沟通了一番后，他重新修改了简历，调整了自己的求职目标：短期内的目标是市场部专员，终极的职业目标是市场部经理。几天后，他打电话告诉我，已经顺利找到了一份市场部专员的工作，老板很认可他，说如果能尽快做出成绩，有可能被提拔为经理。

尽管我没有亲眼看到他的神态表情，但从说话的声音和语气上能够感觉到，他对自己的事业充满了信心，与几天前那个迷茫无助的他，判若两人。

现实中很多人都有过和他一样的经历，这些人被过去的一些短暂的成功束缚住了，认为既然升上去了，就不应该再降下来，否则就是"失败"。其实不然，每个公司的环境不同，人员的能力不同，市场定位不一样，你在 A 公司是佼佼者，到了 B 公司未必还能卓尔不群。任何时候，都不要用一些偶然事件或是过往的成就来预测成功的必然性。

在事业上给自己制定高目标没错，但心态一定要放平。如果你真的有能力，那么纵然进入一个新的环境，从底层开始做起，你依然能够脱颖而出；如果你的能力不足，那么放下身段从头做起，看似是降低了，实则是另一种提升，待你能够再次脱颖而出时，你已比当初的那个自己又高出了一大截。

无论何时，都要保持清醒的头脑，千万别被一时的得失冲昏头脑。你的能力如何，你能做什么，你能给老板和公司带来什么，不是靠一份工作经历介绍就能说明问题的。沉下心去做事，用业绩说明一切，你的价值老板自会看到，你想要的也必能得到。

人生恶果皆因糊弄

在一次会议上，我带了两个紫砂壶，让在场的人辨别一下哪个品质更好。尽管在场的人不是都爱品茶，但还是一眼就看出来了。

紫砂由于本身特殊的质地，至少需要陈腐（俗称"养土"）3个月后才能做壶，并且几乎无法通过手拉坯的方式进行制作，而是需要手工制成。制作一把纯手工紫砂壶大约要花上半个月到一个月的时间，这也使得紫砂壶的产量较低，若是出自名家之手，价格自然更贵。倘若在紫砂泥土中掺入其他原料糊弄一下，制作起来可就省事多了，一天制作几百把壶都不成问题。

每一把紫砂壶都独具匠心，即便是外行人，也能在比较中识别出它的韵味。那些粗制滥造的东西，永远敌不过精心打磨的物件。工匠们日复一日坚持劳作，全身心投入，要的就是精益求精，追求完美，容不下丝毫的糊弄。

由紫砂壶这件事，我也联想到了现实中的一些问题。不少人一提起自己的状态，喜欢用一个"混"字概括。有时是熟人之间的自谦，说自己"混"得马马虎虎；有时是对他人的评价，说"混"得不错或不怎么样。

看似只是简单的一个字，实则反映出的是做人做事的一种态度和方式。混，类似于浑浊、混沌、灰白之间的灰色地带，不够清楚明白。这是历史上在长期的权力斗争中提炼的自保之术，大致是不求有功、但求无过，苟合取容、依违两可。

可是，"混"的结果是什么呢？从大方向来说，无法提供有品质的产品和服务，凡事以利益为先，且不谈职业能力如何，就连最基本的职业态度都令人难以信任。只要眼下过得去，能保住自己，根本不去思量以后。

我曾去过一家工厂，那里的工人们每天要劳作十几个小时，工作的环境也不是很好，他们完全是为了赚取加班费而做事，脑子里想的就是如何快点完成任务，拿到报酬。工厂的老板呢？开厂的目的也不是为了打造优质的品牌和产品，而是为了谋利，假如有更赚钱的行业，他们会立刻停产转做其他。

试问，如此模式的经营、管理、生产，如何能与那些传承百年的老店相媲美？他们输的不是规模，不是资金，而是态度！老店受文化的熏陶，将做人处事的态度注入职业规范中，将人生价值的实现和自己的职业结合起来，才有了代代相传的优质产品。

记得小时候，家里请木匠来打五屉桌和柜子，你不用去监督木匠做活的过程，全部由木匠自己掌控，只需要在中午的时候像对待客人一样，给人做几道像样的菜，递上烟酒即可。木匠不会随便糊弄，他怕坏了自己的名声，以后就没人请他做活了。至今，家里的那些老物件还在，做工细致，且非常坚固。

这些手艺人算不得是什么艺术大师，但他们却具备了工匠的精神，真的是在用心做事，窥不见一丝"混"的痕迹。相比他们，现在的一些人就略显逊色了。他们想的不是怎么更好地完成工作，而是处心积虑地糊弄，能少干就少干，能偷懒就偷懒。他们自以为挺聪明，随便地应付每天的工作，还暗自窃喜，却不知最后，糊弄的是自己。

陈某在一家颇有名气的公司里做业务。一天早上，部门里召开市场调研会，经理安排她做市场统计数据。很快，她就接到了一份会议纪要，这份会议纪要跟她以往看到的同类文件不太一样，除了简短的会议介绍外，还有大量的表格和数据。看到这些详细而繁多的数据，陈某顿时头就大了。经理还要求她必须在两天之内完成所有的数据统计，做一份书面报告，经过主管部门的评审人评审合格并签字后，交到监控考核处。

机灵的陈某自然知道，这项工作直接关系着自己的前途。她连忙着手去做这件事，可按照目前的进度来看，要在两天内完工难度很大。结果，在经办的过程中，她走了"捷径"，想着个别地方糊弄一下，别人也看不出来，也许就能蒙混过关。

纸包不住火。数据交上去后，很快就被经理发现了问题。她不但没得到认可，还被经理狠狠地批评了，说她轻浮急躁。其实，经理本想过两个月提升她为项目组长，可见她如此不精心，心里就泛起了犹豫。

世上粗心散漫的人到处都是，而对工作善始善终、充满激情的人却很少。想要摆脱平庸，不是非要找个机会做点惊天动地的大事，用心做好每一个细节，把经手的每一件事情都做到尽善尽美，就是难能可贵的。成功者的经验告诉我们，你种下什么样的种子，将来就会收获什么样的果子。

优秀到不可替代

中央电视台主持人白岩松，曾在中国农业大学的讲座上给台下的年轻人提出了一个忠告："不管你将来从事什么职业，不管你从事职业的难易程度和薪酬水平如何，重要的是，你一定要成为这个职位上不可或缺的人。"对此，新东方的徐小平也有同样的看法："不管做什么工作，一个人把工作做到别人无可替代的程度，就是成功。"

对一个领域100%的精通，要比对100个领域各精通1%强得多。那些跻身于高薪、高层的人，多半都有着他人难以取代的专业技能，这种技能与其学历、背景无关。

窦铁成是中铁一局电务公司的高级技师，他只有初中学历，但他有积极进取的精神。靠着自学掌握了大量的电力学知识，记下了60余本百万余字的学习工作日记。在工作的28年间，他提出并实施设计变更6次，解决技术难题52个，排除送电运行故障310次，为企业节约成本及挽回经济损失1380万元，被称为"电力专家"。

1979 年，23 岁的窦铁成实现了他的一个梦想：正式成为中铁一局电务公司的电力工人。当时，他暗自发誓：一定要做一名优秀的电工。第二年，他以优异的成绩考取了中铁局电力技术培训班，仅用了一年的时间，他就成了一名技术娴熟的电力工人。但他并未停下进取的脚步，而是朝着更高的目标前进，他要的不仅是合格，还要知识渊博、技能高超。后来，窦铁成又自学了钣金工艺、机械制图、钳工技术、电磁学、电子技术、电机学、高等数学等。

窦铁成只是一名普通的电力工，可他凭着高超的技能和丰富的经验，在 28 年间负责安装了 38 个铁路变配电所，且全部都是一次性验收通过，一次性送电成功。当时，他还对进口设备的合理性大胆地提出了质疑，并成功排除了变压器的故障，这让法国的专家都倍感意外，不禁赞叹："中国工人了不起！"

窦铁成不只是个人优秀，他带出的徒弟在陕西省电力工技能大赛上，包揽了全省的前三名，获得团体冠军。工作期间，他为企业培训 180 人，把自身的知识和技能毫无保留地传授给了工友；他教出的徒弟中有 35 人成了技师，5 人成为高级技师，他也因此被大家尊称为"工人教授"。

是什么成就了窦铁成？是他刻苦钻研、孜孜进取的精神！一个只有初中功底的人，要读懂大学课程，其艰辛可想而知，但他坚持住了，完成了从实干型、技能型向知识型、价值型员工的转变，成为法国专家眼中的"专家型员工"。

现代职场的竞争是残酷的，企业为了保证利益，不会容纳冗余人员。一家销售公司的老板，曾经很直白地讲："我手下有 10 个业务代表，3 名顶尖业务创造的销售增长额占总数的一半，这 3 个人是我丢不起的。"

丢不起，就意味着不可替代！在工作中，唯有具备独一无二技能的员工，才能够在众人中脱颖而出，并得到老板的赏识和器重。要做到这一点，有过人的才华很重要，但更重要的是有一颗不断进取的心。如果总想着做别人都能做的事，总想着现在这样就已经很好了，那很难成为不可替代的人。

你在努力，那些比你优秀的人也在努力。也许，今天的你已经无可替代，可是明天呢？工作没有一劳永逸的事，只有不断进取，不断更新，才能进入可持续发展的轨道，使自己永远不被淘汰！

下面我们介绍通向卓越的11条经验，这些经验将有助于你变得无可替代。

（1）简单的方案。

（2）大胆、崇高的目标。尽管大胆的目标有些令人望而却步，但是它的激励作用不容小觑。

（3）动员他人。在制订计划时，让相关的人充分参与进来绝对能提高他们的积极性，降低执行时的阻力。

（4）发现伟大人才，忽略他们的年龄，让他们大放异彩！在分配任务时，不把资历作为首要标准，如果别人足够星光闪耀，那么无论资历如何，你都应对其委以重任。

（5）洋溢热爱之情的领导方式。热爱员工总能让他们释放出更大的动力。

（6）抓住时机！培养自己无与伦比的直觉，在时机来临时能迅速采取行动。

（7）充满活力！活力四射的人不但自己工作效率极高，而且能感染他人，带动周围的人。

（8）精通自己的专业。

（9）比别人努力、努力、更加努力地工作。

（10）言传身教，洋溢信心，传播激情。

（11）下定决心克服一切困难做到出类拔萃！

这些经验的价值并不在于每个个体——它们环环相扣，相互补充，重要的就是整体性。我的行动建议就是，回顾所有经验，勤加练习，你将收获无限。

第 5 章

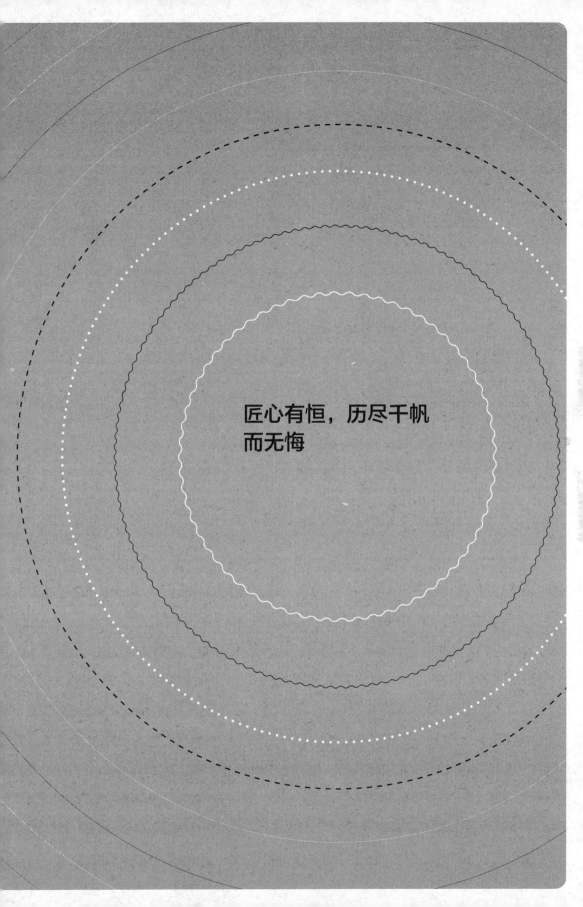

匠心有恒，历尽千帆
而无悔

成功就是一次次失败后不丧失热情。

——温斯顿·丘吉尔

失败往往是放弃得太早

你可以经常失败，但是唯有在放弃的时候，你才成为失败者。

钉钉子的时候，遇到了不平整的表面，或是过于坚硬的东西，钉起来就会比较费劲。工作也是一样，难免会碰见麻烦和困惑，但这些问题并不是无法解决的，只是需要多花费点时间和耐心，还没尝试就放弃，结果只能是失败。

科特·理希特博士曾用两只老鼠做过一项实验：他用手紧抓住一只老鼠，无论它怎么挣扎，都不让它逃脱。经过一段时间的挣扎后，老鼠终于不再反抗，非常平静地接受了现实。随后，他将这只老鼠放在一个温水槽里，它很快就沉底了，根本就没有游动求生的欲望，它死了。当理希特博士将另一只老鼠直接放入温水槽里时，它迅速游到了安全的地方。

据此，理希特博士得出结论：第一只老鼠已经明白，无论费多大劲都无法挣脱理希特博士的手掌，它觉得自己已经没有希望活命了，也不可能改变自己的处境。所以，它选择了放弃，不再采取任何行动。第二只老鼠没有前者的经历，不认为一切都无济于事，相信自己的处境能够改变，所以当危机降临时，它立刻采取了行动，从而幸免于难。

我们不难发现：凡是满怀希望去争取的人，往往都会做得更好；而放弃了希望的人，只能不可避免地走向失败。许多事情没有成功，不是因为构思不好，也不是因为没有努力，而是因为努力不够。

1929年的一天，一位名叫奥斯卡的人焦急地站在美国俄克拉荷马城的火车站，等待着东去的列车。在此之前，他已经在气温高达43℃的沙漠矿区工作了几个月，他的任务是在西部矿区找到石油矿藏，可惜努力许久始终没有收获。

奥斯卡是麻省理工学院毕业的高才生，非常聪明，他甚至能用旧式探矿杖和其他仪器结合，制成更为简便和精确的石油探测仪。当他在西部沙漠里饱受风沙之苦时，一个噩耗传来：由于公司总裁挪用资金炒股失败，他所在的公司破产倒闭了。听到这一消息时，奥斯卡心中所有的热情瞬间熄灭，对他来说，没有什么比失业更令人沮丧的了。

他没有心情继续留在这里探矿了，随即就到车站排队买票，准备返程。可惜，列车还要几个小时才能到站，倍感无聊的他为了打发时间，干脆在车站架起了自己发明的石油探测仪。然而，沙漠矿区里一直没有反应的探测仪剧烈地波动起来——车站下似乎蕴藏着石油，且储量极为丰富！

这怎么可能呢？心如死灰的奥斯卡不敢相信自己的眼睛，也不敢相信这里会有石油，甚至怀疑是自己的仪器出了问题。失业之事本就搅得他心神不宁，想起自制的探测仪这么久以来都没给自己带来惊喜，偏偏在这个时候出现波动，奥斯卡满腔怒火，大声地吼叫着，踢毁了探测仪。

几个小时后，车来了，奥斯卡扔掉那架损毁的仪器，踏上了东去的列车。

时隔不久，业界传出了一个震惊世界的消息：俄克拉荷马城竟然是一座"浮"在石油上的城市，它的地下埋藏着在美国发现的储量最丰富的石油矿藏。

在消极沮丧的状况下，奥斯卡对自己产生了怀疑，对自制的仪器产生了怀疑，最终做出了一个错误的选择，与巨大的成功擦身而过。这足以说明，当一个人认定自己的能力比不上别人，无法获取其他人那样的成就时，他就很难克服前进路上的障碍，从而选择放弃努力和坚持。而放弃，就让他与渴望的结果越来越远。

其实，我们不止一次在上演着类似的悲剧。虽然内心充满了抱负，也思考过、努力过，可遇到了难解的问题时，还是因为身心俱疲、迟迟看不到结果，而丧失了干劲儿，选择了放弃。如果能把眼光放远一点，再多坚持一下，也许就能达到预期的目标了。可惜，对于这一点，我们往往都是后知后觉。

一位世界顶尖的推销培训大师，年轻时去推销房地产，结果一整年的时间，一栋房子都没有卖出去。那时，他已经穷困潦倒了，身上就剩下100多美元。就在他萌生了放弃的念头时，公司安排了为期五天的销售课程，他去接受了培训。没想到，那次培训竟改变了他的一生，自那以后，他连续八年成为世界房地产销售冠军。当有人问及他成功经验时，他只说了一句话："成功者决不放弃，放弃者决不成功。"

工作遇到瓶颈，或是行动无法带来想要的结果时，我们都需要休整，中断一段时间或是考虑采取其他行动，这都在情理之中。但休整不是放弃。在休整的过程中，我们需要做的是调整心态，改变策略，逐渐去发现解决问题的切入点。很多时候，你坚持下来了，而别人坚持不下来，这就是你脱颖而出的资本。

人虽寂寞，心却高歌

工匠的世界，是安静而孤独的，要一个人默默无闻地钻研，独自去忍受寂寞的煎熬。所以，西方谚语里会说："世界上最强的人，往往也是最孤独的人。"

寂寞，是考验一个人能否取得成功的试金石。

文艺复兴时期的雕塑巨匠米开朗基罗，一生多在寂寞与孤独中度过。有一次，他被人打扰，为此他愤怒地打碎了一座即将竣工的宏伟雕塑。他把自己的一生都献给了寂寞，而寂寞回馈给他的是一个千古不灭的名字——米开朗基罗。"遗传学之父"孟德尔独自一人住在修道院，经过八年寂寞时光，发现了生物遗传的规律，翻开了历史崭新的一页；"炸药之父"诺贝尔在家庭支离破碎之际，独自一人研究炸药，当无数寂寞岁月悄无声息地溜过，成功的光环终于出现在他的头上……

齐白石学雕刻，每天担石上山，把一担又一担的石头刻成了一堆堆的粉末，才得到了画家、雕塑家的美名。学者钱钟书先生享誉世界，他的著作《围城》是20世纪中国小说的经典代表。他一生过着宁静淡泊的生活，谢绝媒体的采访，也从未在公众面前抛头露面，避开了尘世的纷扰，一心做学问。即便在最艰难的岁月里，他依然独自攀登着学术的高峰，辉煌巨著《管锥编》的问世，震惊学术界，铸就文学史上的辉煌。数学大师陈景润，几十年如一日，钻研数学难题，把自己封闭在房间里，不问世事，唯有纸笔陪伴。在寂寞的坚守中，他的论文让世界数学界另眼相看；在"哥德巴赫猜想"的道路上，他所做出的成绩也令后人敬仰。他的成就，是在寂寞中酿造出来的。

这些人都是各个领域内的大匠，却也都是从寂寞中走过来的人。为了热爱的事业，他们耐得住寂寞，守得住心性，在专注和努力中找寻人生的意义和自我的价值。

工作中的晋升需要实力和机遇，但更需要自身素质的修炼。当机会没有垂青自己的时候，忍耐和坚持就显得格外重要。尤其对初出茅庐的年轻人来说，更应当具备这样的心态。浮躁只会让自己的一切努力白费，而在忍耐中坚守却常常能峰回路转。

没有一颗宁静的心，总是向往世俗的热闹，如何能沉下心来做一番事业呢？精湛的技艺是在寂寞中锤炼出来的，顽强的意志力也是在寂寞中修炼出来的，机遇和平台更是在寂寞中等来的。耐得住寂寞，守得住心性，才能与成功结缘。

从沙子到珍珠的距离

很多刚进入企业的员工，满怀抱负，对自己的期望值很高，恨不得一到岗位上立刻得到重用，拿到高薪。可真到了岗位上，由于缺乏实践经验，无法胜任重大的工作，薪水必然难如所愿，更令人沮丧的是，他们所做的工作往往是单调的、枯燥的。日复一日重复着琐碎的工作程序时，不少人会觉得压抑、痛苦，若再没什么责任心，就会敷衍了事、得过且过。

从一粒沙子到一颗珍珠之间的距离，是蚌忍受着各种不适，各种疼痛，用自己的身体，一天天磨砺出来的。想变成珍珠，就不能心急，就得熬过黑暗和寂寞，否则的话，提前撬开蚌壳，依然还是沙子。

有时候，我们总觉得，无法热情地投入所做的事情中，是因为事情本身过于单调，而我们要追寻的是有趣和有意义的工作。事实上，这不单单是兴趣的问题，还有态度的问题。工匠们年复一年、日复一日地去做同样的事情，单调不单调？可为什么他们能够坚持下去呢？是因为他们懂得在单调中去找寻乐趣，在枯燥中去挖掘亮点。

荷兰有个农民，初中毕业后没什么事情做，就到小镇上找了一份看门的差事。他在这个岗位上，一干就是60年，从未离开过小镇，也没换过工作。大概是工作清闲无事，他就用打磨镜片作为业务爱好，以此消磨时间。他翻来覆去地打磨一个又一个镜片，一干就是60多年。

时间久了，他打磨镜片的功夫和技术，已经超过专业的技师了，磨出的复合镜片的放大倍数，比其他人的都要高。直到有一天，他在自己打磨的镜片里，发现了当时科技界尚未知晓的另一个广阔世界——微生物世界。就这样，只有初中文化的他，从此声名大噪，最后被授予巴黎科学院院士的头衔。

这个磨镜片的人，就是科学史上大名鼎鼎的科学家列文·虎克。他用一生的精力打磨了一个又一个平淡无奇的镜片，在枯燥单调中默默坚持，为后人打开了通往微小世界的天窗。

2005年诺贝尔医学奖获得者巴里·马歇尔，经过长期的实验和研究，顶着学术界的一片反对声，冒着生命危险，亲自吞食细菌，终于发现了引起胃炎的致病菌——螺旋杆菌。他在等待了20多年后，才登上诺贝尔医学奖的领奖台。

钻研和提升，本身就是一件枯燥无味的事，需要耐得住寂寞，有持久的耐心。曾经听过新东方创始人俞敏洪给大学生讲过的一席话，大致是说，一堆面粉放在案板上，你用手一拍，面粉就散了。但如果你给它加点水揉一下，再去拍，虽然未必会散，但拍来拍去还是一堆松软的面粉。如果不断地给它加水，反复揉，到最后就变成了一个面团。这时，再去拍它就不会散，继续揉，揉到最后不仅是面团，你用手拉它，它也不断，继而就成了拉面。

这是什么意思呢？其实，他是在强调面对工作、面对单调时的态度。

我们在一件事上认真很容易，但要认真一辈子，却并不容易。对多数人来说，长年累月都是做着同样的事，从早到晚都是干一样的活，辛苦、枯燥是难免的，面对这样的现实，要有一个正确的态度和方法。试着用工匠的心去审视工作，在平淡中去创造精彩，才能保持始终如一的热情，发现工作的魅力。

余者万般，与我何干

日本大阪有一位 83 岁的"煮饭仙人"，五十多年就专心煮好白米饭，专心致志、心无旁骛，结果名扬四方。现代企业，要的就是这种定力十足的工匠精神，倘若什么都不愿舍弃，是很难专注于一件事情，在某个领域里出类拔萃，独树一帜的。

居里夫人曾经这样形容自己："我在生活中，永远是追求安宁的工作和简单的家庭生活。"她很珍惜时间，舍弃了庸俗无聊的交际，把更多的精力用在科学研究上。

居里夫人的父亲曾经要送给她一套豪华家具，但被拒绝了。原因很简单，有了沙发和软椅，就要有人去打扫，在这方面花费时间太可惜了。为了不让闲谈的客人坐下来，她的会客厅里只放一张简单的餐桌和两把简朴的椅子，甚至都没有添置第三把椅子。舍弃了多余的家具，简朴的生活设施给了她安宁的空间，让她远离了人世的侵扰和盛名的渲染，最终攀登上了科学的顶峰，阅尽另一种瑰丽的人生风景。

无独有偶。科学巨匠爱因斯坦，也是这样一个人。

少年时期的爱因斯坦在瑞士生活，由于经济拮据，他对物质的要求并不高，一份意大利面就能让他很满足。为了躲避纳粹的迫害，他移民到了美国。当爱因斯坦到普林斯顿的高等科学研究所工作时，当局给他开出了很高的薪水，年薪大概有 1.6 万美元。

谁也没想到，在这样的高薪面前，爱因斯坦却说："这么多钱？能否少给我一点，3000 美元就够了！"周围的人大惑不解。爱因斯坦解释说："依我看，每个多余的财产都是人生的羁绊，唯有简单的生活，才能给我创造的原动力。"

他舍弃了高薪，远离了对物欲和时尚的追求，有了更多的时间和精力，全身心地投入自己的事业中，并取得了巨大的成功。他在物理学上的成就，几乎影响了 20 世纪科学技术的发展。

太阳普照着万物，可任它再怎么发光发热，也很难点燃地上的柴火。如果拿着一面小小的凸透镜，只要让一小束阳光长时间地聚集在某个点上，即使在最寒冷的冬天，也能把柴火点燃。可见，强大的力量分散在诸多方面，会变得毫不起眼；微弱的能量集中在一起，却能创造意想不到的奇迹。世界上所有令人瞩目的成就，都离不开心无旁骛的专注。

作为员工来说，我们应当如何实现"简单"的境界呢？

其一，但行好事，莫问前程。

太渴望一件东西，太急于求成了，结果总是失望。很多盲目而急躁的员工，跟周围的人比薪水、比工作时间、比工作强度，一直心理不平衡，总是觉得自己干活多，拿钱少。有了比较，就有了失落，因为世界之大，总有人比自己"过得好"。

脑子里想着太多外物，总试图从中获得什么，往往就会不得所愿。越是着急想得到什么，越是怕失去什么，心里的压力和恐惧就会倍增。背负着重压，如何能放得开手脚？越着急，越紧张；越紧张，越失常，最后离目标越来越远。要做就只管做，把目光放得长远一点，得失放得开一些。

其二，排除干扰，摒弃杂念。

上班时间走神开小差，一个看似不起眼甚至被忽略的习惯，实则是平庸与优秀之间的分水岭。不重视工作时间与效率，不能专注地做事，养成闲散怠慢的陋习，会错失很多被重用的机会。那些优秀的人，都是带着使命感去工作的，绝不会做任何与工作无关的事。

用时间去积攒力量

工匠的精湛手艺和声誉美名，靠的不是机遇和聪明的头脑，而是比常人多坚持了一点儿，有时是一年，有时是一天。事业如路，需要慢慢走，起初是一片荒凉，但走着走着兴许就有了繁华的风景。

女孩苒苒，读书时写得一手漂亮的文章，是个小有名气的才女。毕业后，她在杭州一家广告公司做文案策划，因其工作能力突出而倍受赏识。只不过，公司里的人际关系比较复杂，一向单纯的苒苒不善于左右逢源，更不愿意把精力花在维护人际关系上，在公司里就显得有些闷。苒苒受不了做隐形人的感觉，半年后就辞职了。

苒苒重新找了一家单位，可跟上次一样，没过多久又觉得压抑，受不了公司的氛围，再一次选择了跳槽。如此几年下来，反复跳槽的苒苒在一家公司最多也只待了八个月。最初与她一同进入公司的同事大多成了中流砥柱，有的甚至已经坐到了管理者的位子。每次从别人口中听到过去同事取得了什么样的成就，苒苒都不服气，总觉得他们是运气好。

对苒苒的工作现状，我跟她进行过一次交谈，尤其强调了心态的问题。我没有对那些曾与苒苒一同共事、如今小有成就的年轻人做任何评论，无论他们的能力、学识如何，但他们在工作中所展现出的那份韧性和耐心，就注定他们会比苒苒走得更远。因为，在蓄势等待中所积累到的经验，是任何东西都换不来的。

豁然开朗的境界，必然要经过一段昏暗狭窄的路程；领略无限的风光，也一定要通过一番艰辛地攀登。这是生活对我们的一种测试，检验我们是否有足够的耐心坚持下去，检验我们在嘈杂而充满变故的环境中，是否有一份安然笃定的心境。

无论做什么事，都需要有一个过程，有一段时间的积累。一旦有了时间的积蓄，很多看似不可能的事，往往也会出现奇迹。

多年前，美国亚利桑那州的高原上有一个小湖泊，周边生长着许多乔木和水草。湖泊静谧无比，鲜有人迹，就安静地"躺"在那里。所有人都觉得，湖泊会一辈子待在那里，可它却相信，自己终有一天能遍及远方。

湖泊开始不断地蓄水，积攒走向远方的力量。不知过了多少年，它里面的湖水开始溢流，湖水不断冲刷泥土，慢慢在高原的大地上冲出一条沟，沟慢慢变大，成了峡谷。亿万年过去后，湖水已经成长为奔腾的科罗拉多河，而高原也被"切"出了令人震撼的大裂痕，那便是科罗拉多大峡谷。

请注意，这不是什么寓言故事，而是科学家给出的科罗拉多大峡谷形成的一种科学模型。数万年前，这里还只是一片高原，后因一个湖泊的溢流，才造就了如此壮观的自然奇迹。可见，只要肯给予时间，哪怕是一汪静静的湖水，也能够把险峻威武的高山变成大峡谷。

20世纪初，在太平洋两岸的日本和美国，有两个年轻人都在为自己的人生努力着。

日本人每月雷打不动地把工资和奖金的 1/3 存入银行，哪怕是在手头拮据的时候，也坚持这么做。美国人的情况就有点糟了，整天躲在狭小的地下室里，把美国证券市场有史以来的记录都搜罗在一起，在那些杂乱无章的数据中寻找规律性的东西。由于没有客户，挣不到什么钱，他几乎都是靠朋友的接济勉强维持生活。

这样的日子，持续了六年。这六年里，日本人靠自己的勤俭积攒下了 5 万美元的存款，美国人集中研究了美国证券市场的走势和古老数学、几何学及星相学的关系。

六年后，日本人用自己在省吃俭用状况下积累财富的经历打动了一名银行家，并从银行家那里得到了创业所需的 100 万美元的贷款，创立了麦当劳在日本的第一家分公司，并成为麦当劳日本连锁公司的掌门人，日本人的名字叫藤田。

此时，那个美国人也成立了自己的经纪公司，并发现了有关证券市场发展趋势的预测方法，他把这一方法命名为"控制时间因素"。在金融投资生涯中，该美国人赚到了 5 亿美元的财富，成为华尔街上靠研究理论而白手起家的奇迹人物。该美国人就是世界证券行业里最重要的"波浪理论"的创始人，威廉·江恩。

藤田凭借着勤俭起家，江恩依靠研究 K 线理论致富，两个人身处太平洋的两岸，没有任何的交集。然而，他们的经历却有着极为相似的地方，那就是在日复一日地努力中，创造并积累了成功所需的条件。

现实世界里，每个年轻人都有梦想，都渴望做出成绩，但眼高手低、不甘等待、志大才疏的缺点，却把很多人都挡在了成功的门外。成功是需要时间的，也需要积累，唯有通过不断的努力，才能凝聚起改变现状的爆发力，锤炼出令人震惊的手艺，创造出令人艳羡的成绩。

没有足够的耐心和精心，不会有绝美的艺术品出炉。从精美的物件背后，我们看到的是一颗颗不平凡的匠心，一条条漫长的工匠之路。

对员工来说，一蹴而就地抵达理想的高度，终究是不现实的。最难熬的日子，莫过于备受冷落、无人问津的"蘑菇期"。蘑菇长在阴暗的角落，得不到阳光的照耀，也没有肥料的滋养，常常面临着自生自灭的状况。只有长到足够高、足够壮的时候，才会得到人们的关注。

不可否认，"蘑菇期"的日子的确不好过，但这也是每个员工必须经历的成长之路。无论多么优秀的人，都是从"蘑菇"成长起来的。企业对新进人员都是一视同仁的，从试用期到正式工作不会有太大的差别，都要从最基本、最简单的事情做起，一来是为了熟悉环境和工作流程，二来是消除不切实际的幻想，看问题更加实际。

一个人要有韧性，也要有忍性。成功是熬出来的，不被重视的日子要熬，薪水卑微的日子要熬，挨批受训的日子要熬……不过，这种熬不是空等，也不是得过且过，而是在默默无闻的日子里丰富自己的知识，提升自己的能力，锤炼自己的心态，磨砺匠心之境，用行动去践行工匠之志。

成功的路上，你没有耐心去等待成功的到来，就只好用一生的耐心去面对失败。倘若仔细观察，你很容易发现，那些在专业领域被称之为大匠的人们，都有坚忍的品质，更有潜心苦练的毅力，他们正是以这样的心态面对事业的每一个阶段。

也许，我们的职业不是工匠，但我们都需要一颗匠心，如工匠们一样有情怀、有态度、有信仰，对自己所做的事坚持不懈、不急于求成。守住一颗匠心，我们会对生活和工作更加从容、安然、专注、享受。

这是一个"剩者为王"的时代

很多时候，我们常常会因为逃避问题而选择跳槽，比如领导严苛、同事不好相处、工资太低、压力太大等。以为重新选择就能够解决所有的麻烦，可结果往往是，换了一个新的工作，一个新的环境，类似的问题依然围绕着自己。

多数人都会抱怨外界的环境，却很少有人反思，重新选择并不意味着重新出发，有些问题当下不懂得如何应对，今后还会令你纠结万分。况且，换了新的环境，还可能有新的矛盾、新的问题，唯有去面对，才是解决之道。

有人曾经说过："邻居家的草坪总是看上去比自己家的草坪绿。但实际上，无论到哪里，草坪都没多大的区别。所以，与其常常想着跳槽，不如在现在的公司里打好基础。不管从事哪一行，轻易离开公司的人都很难成功。不管你现在处于什么样的逆境，请不要先考虑跳槽，而要选择努力。"各个行业内的大匠，往往都是"剩者"。

H是广告圈里小有名气的创意策划师。十年前的他，从某院校广告系毕业，靠着一份真诚和细致进入一家广告公司的业务部。当时，那家公司刚刚成立，资金不雄厚，平台不够大，做业务更是难上加难。一年之后，不少人都跳槽走了，H 却留了下来。他不仅负责做业务，还向老板提出，愿意尝试做广告策划。

过程有多辛苦，H 很少向外人提及，但谁都知道，总得先拉来业务才有机会做策划。可是，一般的小业务，根本无须多么有创意的策划，不过是布置一个展台，搞一个街头活动，做的多半都是体力活。这与电视剧本里演绎的那些尖端创意，大相径庭。可 H 就那么坚持着。

H 向来勤勉好学。当朋友都忙着聚会喝酒的时候，他在家抱着一本砖头厚的《广告案例 500 篇》。后来，因为几次成功的广告策划，他在圈子里渐渐有了名气。

有朋友调侃他，做知名广告人的感觉如何？ H 说："做广告并不像表面看着那么有意思，真正有意思的部分连 20% 都没有。有时候，一个创意改了十几次，客户却说还是第一个比较好。"当朋友问及，为何不放弃做广告策划只做业务的时候，H 又说："这个世界上，到处都是半途而废的人，也有太多自认豁达的人。可是，豁达有时候不过就是'放弃'的一个遮掩罢了。"

后来，H 靠着自己的努力，开办了一家创意工作室，他的前任老板，欣赏他的为人，器重他的能力，几乎把所有的业务都交给他来做。

放弃，永远都比坚持要容易。想放弃的时候，可以找到一百种理由说服自己，说服别人，可坚持下去，要面对的却是不可预知的未来，有孤独、有辛苦、有无助，但也只有坚持下去，才能体会到守得云开见月明的成就感。

很多人都渴望当第一，但诸多事实告诉我们，做最后一个往往更好。在别人都不屑一顾、都想放弃的时候，你坚持着，你不离开，你默默地努力，撑过那段沉默的时光之后，往往就是海阔天空。

像雕琢作品一样雕琢自己

很多人心里揣着对成功的渴望，却又拒绝现实中痛苦的打磨，这本身就是一种矛盾。滴水穿石果然震撼人心，可那是多少个日夜坚持才有的结果；河蚌孕育出色泽鲜亮的珍珠，可那是经历了巨大的苦痛和磨砺后才有的收获。

某地建立了一座规模宏大的寺庙。竣工后，寺庙附近的人每天祈求佛祖给他们送来一个最好的雕刻师，雕刻一尊最好的佛像让大家供奉。佛祖灵验，而后就派来一个擅长雕刻的罗汉，幻化成雕刻师的模样，到来人间为寺庙雕佛像。

在诸多石料中，雕刻师选择了一块质地上乘的石头，开始了劳作。没想到，他刚凿了几下，那石头就喊起痛来。雕刻师劝它说："不经过细细的雕琢，你永远都是一块不起眼的石头，忍忍吧，很快你就会成为万人敬仰的佛像。"

听了雕刻师的话，石头忍受了几下，但不一会儿，它又开始哀号："太疼了，求求你，饶了我吧！"雕刻师实在忍受不了石头的吼叫，只好放弃了，又从其他石块中选了一块质地远不如它的粗糙石头来雕琢。

这块石头质地不太好，可它很感激雕刻师能选中自己，也坚信自己会被雕成一尊精美的佛像。无论雕刻师刀琢斧敲，它都默默地承受着，从未因疼痛发出过任何的尖叫。由于该石头本身质地差一些，雕刻师为了最终的效果，工作得更加卖力，雕琢得也更精细。

不久，一尊肃穆庄严的宏大佛像问世了，人们十分震惊，以为是佛祖显灵，赐予了神像。他们将佛像安放到神坛上，日日虔诚地供奉，香客不断。为了方便香客行走，那块怕痛的石头和一些碎石，一起被人们拿去填坑筑路了。由于当初不愿承受雕琢之苦，那块原本质地不错的石头，如今只能忍受人来车往、脚踩车碾的痛苦。看到那尊雕刻好的佛像，安享着人们的顶礼膜拜，质地不错的石头心里很不是滋味。

一次，佛祖来寺庙巡视，怕疼的石头愤愤不平地抱怨："这太不公平了！它的资质没我好，却享受着人间的礼赞尊崇，而我每天遭受凌辱践踏，日晒雨淋，您太偏心了！"

佛祖笑笑，说："它的资质不如你，可它的荣耀却是来自一刀一锉的雕琢啊！你成为石阶，只需要经历上下左右四刀之切，而它成为佛像，要承受千刀万锉的雕琢之苦。你现在不满与我抱怨，它当年的痛苦又与谁诉呢？"石头听罢，幡然醒悟。

现实中的情景，莫不如是。当有人头顶光环站在金字塔尖，迎来的总是羡慕和嫉妒，可那些光环背后所承受的痛苦，却无人问津。其实，每个人都是等待被雕琢的石料，若想在某一领域内所有成就，就必然要经过一番痛苦的磨砺。对于梦想之路上的荆棘，要平静地接受和忍受。

世界上，从来都没有十全十美的人，但从不缺少百分之百努力的人。王羲之苦练书法二十年，写完了十八缸水；贝多芬练琴专注时，手指练得发烫，为了能长时间地弹下去，他把手指放在水中冰凉后再接着弹。他们都是在接受雕琢。

　　几十年前，高德康不甘忍受贫困和落后，跟 11 位农民一起成立了小作坊，用仅有的八台缝纫机开始了艰辛的创业路。这个小作坊，没有自己的产品，也没有自己的品牌，只能给别人做一些带料加工的活。运输货物的交通工具，只有一辆二八自行车。最远的客户，距离他们有 200 千米，高德康要以每小时 30 千米的速度来回，往返一趟需要十几个钟头。渴了，就喝口凉水；饿了，就啃一点干粮。回到家里，人累得散架。二十来岁的他，看起来像个老头，头发蓬乱，满目沧桑。

　　到了第五年，自行车终于换成了摩托车。工具先进了，可往返的频率也更高了，四年的时间里，高德康报废了六辆摩托车。小作坊也渐渐有了起色，不再只做带料加工，逐渐开始帮其他企业"贴牌"生产。但，"贴牌"生产还是给别人做嫁衣，永远不会有自己的发展。

　　做了详细市场调研的高德康，最终将目标锁定在了羽绒服市场上。他一边做着"贴牌"生产，一边关注着羽绒服市场的走势，那段时间他特别辛苦，恨不得有分身之术。天道酬勤，高德康终于掌握了从生产、加工到制作羽绒服的一套成熟技术。

　　1992 年，高德康注册了自己的商标——波司登。经过两年的筹备，"波司登"羽绒服上市了，可刚一问世就遭到了挫败。冬天快要结束的时候，仓库里还积压着一多半的货，银行天天上门催要 800 万的贷款，公司挣扎在生死边缘。

　　为了保住几百人的饭碗，高德康四处奔走，寻求解决办法。他磨破了嘴皮，跑断了腿，几经周旋，才渡过了难关。尽管这个坎儿过去了，可高德康意识到，目前羽绒服制造的方式存在弊端。他开始对销售市场进行实地考察，多方走访才发现，羽绒服不仅要御寒，外观还要漂亮。

于是，"波司登"开始了大胆的尝试，全面引入时尚设计。很快，波司登就占领了国内羽绒服行业的头把交椅。如今，波司登已经发展成下辖四家品牌经营公司、一家设计公司、两家进出口业务公司、一家广告公司，以及70多家区域销售公司组成的大型品牌服装集团公司。

没有与生俱来的成就，也没有从天而降的幸运，大凡有成就者，无一不是吃过苦中苦，历经过大苦难的。大浪淘沙，百炼成金，雕琢能让玉器趋于完美，忍受雕琢之苦的人方能成大器。不抗拒磨砺，人生才会绽放出不可思议的奇迹。

任何事情都是有规律的，有宏远的目标和追求是好事，但在实践目标的过程中，更重要的是调整好心态，排遣出那些浮躁的情绪，学会沉淀。一颗沉稳的心，就如同一杯水，置放于房间里很长时间，几乎每天都有灰尘落在上面，可它依然保持着澄清透明。原因就是，那些灰尘都沉淀到杯底了。倘若不断地震荡，那些灰尘就会让整杯水浑浊。

工作和生活，亦是同样的道理。只是当下很多人并未参透真谛，总是在匆忙和浮躁中，拼命地摇晃内心，没有片刻的宁静。越是在不得志的时候，越是加速地震荡自己，摇起满瓶的浑浊，才会时时感到痛苦、烦恼、焦虑。

工作其实是一门艺术，需要精雕细琢，更需要保持一颗如工匠般宁静的心。做事的过程，就是沉淀生命、沉淀经验、沉淀心情、沉淀自己的过程。凡事不能急，不能躁，从基层起步，保持一份不骄不躁的心态，在宁静中默默地努力、默默地进步，不因他人做出了成绩而嫉妒，也不因暂时的无为而恼怒，更不因外界的名利诱惑而动摇，懂得日积月累的必要性，愿意放慢速度、循序渐进地朝着目标去努力。

吴先生是一家翡翠公司创始人，他给人的感觉是谦和而精干，颇有艺术气质。

某次玉石文化巡讲会后，有记者采访问："当下翡翠行情一路看涨，同行们都在忙着卖货赚钱，您为什么要做文化巡讲？这算不算务虚了？"

吴先生说："赚钱永远不是一个人的唯一目的，每个人都有爱好，都有情怀。我刚投身玉石行业中，完全是喜欢，喜欢玉石的美，玉雕的美，以及无尽的创意变化。可入行时间久了，难免被利益二字左右，尤其这个行业经常会出现一块石头两天上涨百倍的事。当身边越来越多的人每天谈论的是怎么赚更多的钱，怎么更快地赚钱，我猛然意识到了自己的迷失，这种迷失是一种大环境浮躁之气在小行业中的投影……我想通过演讲的形式，让喜欢翡翠和玉雕的朋友对翡翠玉石文化有更深入的了解。"

什么是情怀？我想，这就是最好的说明。当所有人都想着去投机、去谋利的时候，自己还能保持最初的那份诚挚和纯粹，秉承热爱和尊重去做一件事，不受外界浮躁之气的影响，便是工匠精神了。

浮躁，是人生的大敌。细数许多失败者和平庸者的经历，他们不是败给了能力，也不是败给了机遇，而是败给了浮躁的情绪和急功近利的心态。到头来，因失败而来的精神压力，又让自己越来越急躁，终究形成恶性循环。有想法、有追求固然可贵，但更重要的是能够踏踏实实地去把握、去争取、去创造。

成大事者，心存高远，但更懂得沉淀自我，脚踏实地。

有始有终地去做一件事

什么是了不起的人？是勇敢无畏不惧生死，还是腰缠万贯名利双收？

对常人来说，这些情形不免有些遥远。或许，更加接地气的解释，还是南怀瑾先生所云："一个人在千军万马的战场上忘掉了生死去拼命，博得成功而成名，那还算容易。但是，在人生的途程上，零割细刮地慢慢走，有时真受不了，会有恐惧之感。在这个时候能够不恐惧、不忧愁、不烦恼，有始有终，就是了不起的人。"

工作中，我们最头疼的莫过于遇到有头无尾，或者虎头蛇尾的情况。最初信誓旦旦，说自己一定能做好，也确实表现出了一份热情，可做着做着才发现，很多问题比预想得要复杂，还有重重阻碍，自信心被打击了，激情也被磨灭了。渐渐地，就有了退缩和逃避的想法，感觉自己无力招架，干脆就扔下不管，丢给别人去处理。

其实，这不是解决问题应有的态度。经常半途而废，造成的损失不仅仅是工作任务没完成，更糟糕的是它会给人带来心理上的挫折感，养成知难而退、虎头蛇尾的习惯，这才是成功路上最大的障碍。懂得坚持，做事有始有终，才能摆脱平庸，走向平凡。

　　1985 年，40 岁的吉列在一家公司做推销员。由于职业的需要，他每天都会仪表整洁的出门，而刮胡子也就成了早晨的必修课。一天早上，吉列在刮胡子的时候，发现刀片磨得不够锋利，刮起胡子来很费劲，脸上还被划了几道口子。气愤又沮丧的吉列，眼睛盯着刮胡刀，突然萌生了创造一种新型剃须刀的想法。

　　说做就做，毫不犹豫，这是成功者的一大特质。吉列果断地辞掉了推销员的工作，开始专心研制新型的剃须刀。他在脑海里预想了新发明要具备的功能：使用方便、安全保险、刀片可随时替换。当时的吉列，在思维上尚未冲破传统习惯的束缚，新发明的基本构造，始终没有摆脱老式长把剃刀的局限，尽管一次次地改进，可结果依然不太理想。

　　换作常人，如果几年的时间都没能成功，也许会想到放弃。吉列虽然也有点沮丧，可他并未想过放弃研制。在又一次遭受失败的打击后，吉列走出家门，去郊外散心。他两只眼睛茫然地望着一片刚刚收割完的田地，一个农民正在用耙子整修田地。吉列看到农民轻松自如地挥动着耙子，突然一个灵感闪现出来：能不能仿照耙子来设计剃须刀的基本构造呢？

　　吉列回去就赶紧做实验，结果，苦苦钻研了八年，终于成功了。

做事情，想有一个好的结果，必须得有一个好的开始。同时，在过程中无论受到什么挫折，都要坚持下去。这种坚持，就是有始有终的态度。生活和工作总会有难题存在，而成功的关键就在于，能否保持继续前行的勇气，能否不厌其烦地去攻克难题。很多时候，成功与失败之间，差的不是十万八千里，仅仅是多一点点时间而已。

《阿甘正传》这部电影已经看过十几遍，可依然很喜欢，我也经常推荐公司里的年轻职员去看，去领悟其中的道理。很多人喜欢阿甘，应该都是被他那份简单纯粹、笃定坚持所打动。只要认定了一个目标,不去思考太多无用的东西,而是全力以赴地朝着目标去努力。

年少时的阿甘,怕挨打,就不停地跑,结果成了橄榄球场上高手;想打乒乓球,就专注地练,结果成了美国的代表到中国打球;和战友有过约定,就全力以赴地去捕虾,结果成了富翁;内心喜欢一个人,就默默地地等,等她回到自己身边;想跑步,就不停歇地坚持跑下去,一直跑了几年,身后有了大批的追随者。

上述的种种成就,并不是阿甘刻意去追寻的,他在做一件事的时候,本着自己的初衷,没有任何功利性的目的。始终如一地坚持了,拼尽全力地去做了,就在不知不觉中超越了身边的很多人,尽管在身体和智力上远不如常人。

这是一种讽刺,也是一种警醒。多数人在看不到眼前的利益、短期内未见收获时,就灰心丧气地放弃了。阿甘简单,他不会去计较,只会心无旁骛地坚持。结果,这种不放弃、有始有终的精神成就了他,也感动了千万人。

世间最容易的事是坚持,最难的事也是坚持。说它容易,是因为只要愿意,每个人都可以做到;说它难,是因为真正能够身体力行的,终究只是少数人。

每个人的身体里都隐藏着优秀的潜质,只要保持一种有始有终的态度,都可以在平凡中彰显出不凡。

坚持胜过一切

世间所有伟大的艺术品，通常不是靠力量完成的，而是靠时间。

既是靠时间，那就少不了打磨的过程，谁能一如既往地坚持下去，精益求精地追求极致，谁便能在人群中脱颖而出。工匠做工如是，工作和创业也不例外。

小丁，毕业后来到一家新建的公司。由于当时公司资金有限，规模也很小，愿意留下来同公司一起发展的人并不多，很多人都嫌平台太小跳槽了。唯有小丁，一直跟着老板兢兢业业、尽心尽力地做事。小丁的职位是助理，但因人手不够，后来就连后勤、人事的工作都包了，有空的时候也会给公司拓展业务，可谓是身兼数职。

公司度过了最艰难的初始期后，逐渐步入正轨，员工也从原来的三四个人发展到二十几人。此时的小丁，各方面的能力都得到了提升，而老板也被他的忠诚打动，27岁的小丁就这样顺利做了中层，且拥有了一定的股份。

一件事情到底有没有价值，一份工作到底有没有前途，不是凭眼睛去看的，而是要你全力以赴，才能逐渐呈现出清晰的结果。

漫画家查尔斯·舒尔茨曾经告诉记者，他不是一夜成名的，即便在他出版了有名的《花生》漫画之后。查尔斯·舒尔茨说："《花生》不是一问世就造成了轰动，那是一段漫长而艰辛的过程。大概有四年之久，漫画中的主人公史努比，才受到全国的瞩目，而它真正确立地位前后花了长达十年的时间。"

英国作家约翰·克里西，年轻的时候笔耕不辍，可迎接他的却是一次次地打击。约翰·克里西前后收到了743封退稿信，面对这样的现实，他是什么样的心态呢？"不错，我正承受着人们所不敢相信的大量失败的考验。假如我就此罢休，所有的退稿信都将变得毫无意义。但我一旦获得成功，每封退稿信的价值都将重新计算。"到约翰·克里西逝世时，他共出版了564本书，无数的挫折都因他的坚持变成了成功。

想一想，十年是什么概念？是三千六百多个日日夜夜啊！再想一想，被拒绝743次是什么感受？他们之所以能在文坛成为巨匠，就因为在最难熬的时刻选择了坚持，咬着牙挺住了！那些障碍不是来阻挡我们成功的，而是让我们明白，现在的失败是因为还存在不足，或是因为努力不够。

要做一件事，先沉下自己的心。别因为暂时没挖出井水，就提早退出，宣称此处无水。成功是一种积累，只要你走的方向没有错，那就一如既往地努力下去吧！任何奇迹的出现，都取决于人为的坚持。

第6章

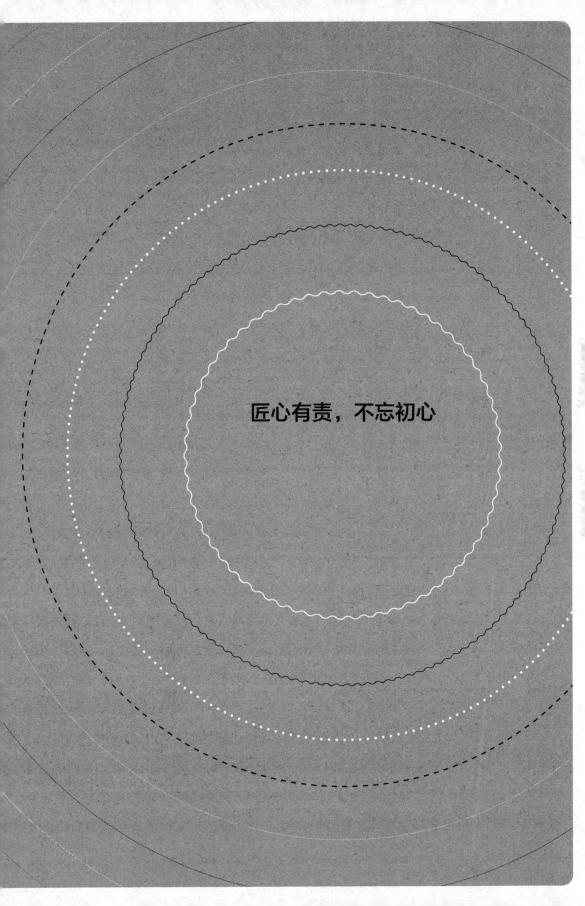

匠心有责，不忘初心

种子不落在肥土而落在瓦砾中，有生命力的种子决不会悲观和叹气，因为有了阻力才能磨炼。

——松下幸之助

把责任当成一种使命

任何时代，责任感都是不可或缺的精神。美国西点军校一直强调，没有责任感的军官不是合格的军官，没有责任感的员工不是优秀的员工，没有责任感的公民不是好公民。这样的理念灌输，让每一个从西点走出来的学员都受益匪浅。

生活、工作、家庭，无不需要责任感的支撑，它应当被视为一种使命去执行。从某种意义上来说，对角色饰演的最大成功，就是对责任的履行。我们的努力和坚持不仅仅是为了自己，也为了别人，这是社会法则、道德法则，更是心灵法则。社会学家戴维斯说过一句话："放弃了自己对社会的责任，就意味着放弃了自身在这个社会中更好地生存的机会。"

守责任，其实就是坚守人生的义务。

2006年，红海"萨拉姆98"号沉船事件，让无数人感到惋惜和悲伤。此次重大灾难事件，并不是一场天灾，而是由于缺乏责任意识酿成的人祸。

在客轮沉没之前，曾经发生过火灾；在火灾面前，船长没有指挥乘客做好逃生的工作，而是欺骗乘客说"一切尽在掌控中"。然而，当客轮真的开始下沉，作为核心人物的船长，没有第一时间稳住乘客的情绪，疏导大家逃生，而是不顾道义，第一个跳上救生艇逃生。船上的乘客们乱成一团，慌乱无序导致了大量伤亡。

有人可能会说，在生死攸关的时刻，想要自保是人的本能。我们不能否认求生的本能，但在SARS爆发时，医护人员难道就不害怕病毒传染吗？怕！可为什么还要上一线？恰恰是因为他们心中装满了救死扶伤的责任和义务。身为船长，他的责任和义务是什么呢？我们不妨看看，各国海商法的规定：

1. 保障船上人员的人身、财产安全。船长必须采取一切合理措施，保证航行安全，维持船上秩序，防止对船舶、船上货物或人员的任何损害。该义务与船长的指挥命令权是相应的。

2. 救助人员。船长接到呼救信号或发现海上有人遭遇生命危险，只要对船舶、船员和旅客没有严重危险，就应尽力救助遇难人员。船长违反该义务将负法律责任。

3. 最后离船。船长在决定弃船时，必须采取一切措施，首先让旅客安全离船，然后允许船员离船，船长本人应当最后离船，并应设法抢救航海日志、轮机日志、无线电日志，以及该航次的海图、文件和贵重物品等。

看到上述的这几条规定后，再看"萨拉姆98"号船长的所作所为，就知道他早已抛却了自身职务的责任与义务，也因为他的不负责任、玩忽职守，搭进了多少人的性命，酿成了无法挽回的悲剧。

很多人总把责任心当成一句空泛的口号，心想着：如果我是医生，我是船长，我是高管，那我才理应去负责任，不过是小小的职员，做着不起眼的工作，谈责任心有点小题大做。事实真的是这样吗？

《大学》有云："欲治其国者，先齐其家。"先得为自己的小家担起责任，先得对小事有负责的态度，才有资格和能力去治理大家，管理一个企业。不是位置高，才需要有责任心，任何工作，都需要有一份负责的态度。

一家长途客运站的普通司机张某，在一次长途行车途中，突发脑溢血。当时，他眼前一片眩晕，而此时的车正好行走在狭窄的山道上，稍有不慎就可能会翻车。在生命的最后时刻，他拼尽了全力做了三件事：第一，把客车缓缓地停靠在路边，用最后的力气拉下手刹；第二，把车门打开，让乘客安全下车；第三，将发动机熄火，确保车辆、乘客和行人的安全。

做完这三件事之后，他安详地趴在方向盘上，停止了心跳。从身份和地位上来说，张某就只是一个普通的公交司机，可对于自己的工作，他却在用生命履行着责任。

从本质上来说，责任是一种与生俱来的使命，伴随着每一个生命的始终。这份使命不是要做给谁看，而是在内心建立一个标准，无论有没有人看到，有没有人监管，都会全力以赴地、虔诚地去对待。

古希腊雕刻家菲迪亚斯被委任雕刻一座雕像，当他完成了雕像要求支付薪酬时，雅典市的会计官却以任何人都没有看见菲迪亚斯的工作过程为由，拒绝支付薪水。菲迪亚斯没有动怒，他从容平静地说道："你错了，神明看见了！神明在把这项工作委派给我的时候，他就一直在旁边注视着我的灵魂！他知道我是如何一点一滴地完成这座雕像的。"

菲迪亚斯坚信神明见证了自己的努力，更坚信自己的雕像是一件完美的作品。事实也证明，菲迪亚斯是伟大的，在2000多年后的今天，这座雕像依然伫立在神殿的屋顶上，受人瞻仰。菲迪亚斯把出色地完成工作当成自己的责任与使命，正是这份责任心和精益求精的态度，成就了他伟大的艺术杰作。

当我们选择了一项工作，就要有为它负责到底的准备，因为这是我们的责任。只要尽职尽责地去把它做好，那么所做的事情无论大小轻重，都是充满意义的，而我们也会从中获得别人的尊重与敬意，以及更多、更好的机会。

把敬业当信仰

2015 年 9 月 3 日，中国抗日战争胜利 70 年大阅兵在北京举行，让世界透过一件件"国之重器"看到了中国的力量。当所有人的目光被这些军事武器吸引着的时候，很少有人想到或知道，那些站在武器装备背后的人——大国工匠。

看过一篇关于中国航天科工首席技师毛腊生的报道，他的工作主要是铸造导弹的舱体。这项了不起的事业落实到具体的实践中，其实有着常人难以忍受的枯燥。很多人大概不会想到，毛腊生在整整 39 年的时间里，做得最多的事情不是研究制图和结构，而是每天跟沙子打交道！

在周围人眼里，毛腊生是一个看起来有些"无趣"的人。他几乎没有什么爱好，有时连表达都成问题。当别人沉浸在喧闹、刺激的娱乐活动中时，他将所有的心思都放在枯燥的翻沙工作中。恰恰是这份"无趣"，让他积累了厚重的潜力，将所有的心思、时间和精力，倾注到自己的工作中，沉稳专注、精益求精。

在他身上，"无趣"并不是"木讷"的代言，而是对专注和敬业淋漓尽致的诠释。若不是真的热爱，心怀责任与敬畏，如何能在漫长的 39 年里无怨无悔、甘于寂寞呢？他的内心始终保持着一份安静和淡然，有自己的主见，不为外物所动。

真正的工匠，即当如此。他们不只是技艺精湛，更重要的是，在精神上超越常人。那份崇高的职业素养，矢志不渝的匠心，才是更值得称赞的优秀与伟大。

敬业，与一个人从事什么职业，并没有多大关系。著名管理咨询家蒙迪·斯泰在给《洛杉矶时报》撰写的专栏里写道："每个人都被赋予了工作的权力，一个人对待工作的态度决定了这个人对待生命的态度。工作是人的天职，是人类共同拥有和崇尚的一种精神。当我们把工作当成一项使命时，就能从中学到更多的知识，积累更多的经验，就能从全身心投入工作的过程中找到快乐，实现人生的价值。这种工作态度或许不会有立竿见影的效果，但可以肯定的是，当'应付工作'成为一种习惯时，其结果可想而知。工作上的日渐平庸虽然从表面看起来只是损失了一些金钱和时间，但是对你的人生将留下无法挽回的遗憾。"

的确，在社会分工的任何一个岗位上，没有不重要的工作，唯有不重视工作的人。工作的高低之分，不在于工作本身，而在于做事的人是否敬业。只要发自内心地尊敬自己的工作，认认真真、踏踏实实地做好每件事，努力实现自我的社会价值，就是具备了敬业精神。而这一系列行为的本身，也是对工匠精神最接地气的演绎。

我接触过一位企业家朋友，他曾经在员工品德和精神大会上，说过这样一番话："当你看到一个人为工作忙碌而感到高兴，为自己闲下来而痛苦时，毫无疑问，他一定是个敬业的人。"

这番话说得很中肯。放眼望去，有哪个优秀的员工是无所事事的？有哪个优秀的员工需要人指使才去做事的？他们通常都很积极主动，一刻都不愿让自己闲下来，在对作品的精雕细琢中找寻乐趣，将工作视为提升自我价值的机会。

"他总是一边喝酒一边工作，直到深夜，累了倒地就睡，也不管满地都是金属零件。"这是一位跟川田信彦相处多年的同学，对他最深刻的印象。无比热爱机械的川田信彦，毕业后进入本田公司工作。他沿袭了读书时的自强精神，并很快打动了上司。

1963年，川田成为本田公司研究开发部的领导人；1990年，他被提升为首席执行官。经过几年的奋斗，他将本田发展成了继丰田和日产后的日本第三大汽车制造商，在国外市场上的利润得到了大幅提高。同时，他还改革了公司的经营风格，除了跟高层们沟通，还通过演讲、酒会等方式，拉近与不同等级职员的距离，了解真实的情况，并给他们带去鼓舞和激励。他说："我告诉大家要考虑效率、速度和成效，这样才不为旧观念所束缚。"

川田还很重视市场反应，经常针对变幻莫测的市场想一些新点子。当他意识到年轻人喜欢"自由"时，就开始推出新款车，结果销量大增。可以说，在管理领域，他一直保持着工匠式的敬业精神，不断追求完美。

世界级的指挥大师小泽征尔堪称是音乐界的工匠。他在工作上，从来都是兢兢业业，哪怕到了70多岁的高龄，只要站在指挥台上，立刻就充满激情，完全不像年逾古稀的老人。他非常擅长调动乐手的情绪，轻轻地一挥手，就能把乐队带入一个美妙的世界。

在一次排练间歇，有记者采访小泽征尔，问："您不觉得累吗？为什么您看起来还是那么激情满满？"小泽征尔调皮地翻了翻眼皮，像小狗一样把舌头吐了出来，喘着粗气，表示他其实已经筋疲力尽了。曾在北京排练《塞维利亚的理发师》时，他甚至靠在椅子上睡着了。

没有基本的敬业精神，就难以成为一个优秀的人。说到底，敬业是一种人生态度，无须任何人强迫，发自内心地想去做好一件事，渴望在工作中安身立命，在完美中获得心安，对得起自己，对得起社会。任何领域的工匠，都有着强烈的自尊心，把工作的好坏与人格荣辱联系起来，这种使命感促使着他们对工作严肃认真，固执地追求手艺的熟练。

　　这一刻，扪心自问：你有没有把生命的信仰和工作联系在一起？你能否尽职尽责地努力完成每项任务，不讲任何条件？你是否能在遇到挫折、期望落空的时候，继续保持向上的动力，忘记辛苦和得失，一心一意把工作做好？如果不能，那么你最该做的不是换工作，而是换一种工作态度了。

恪守原则是一种责任

我们先来谈谈"德国制造"的话题：为什么一个只有 8000 万人口的国家，能够拥有 2300 多个世界名牌？究其根本，就是德国人在产品制造上坚守着自己的原则。

德国人不喜新厌旧，他们对有经历的、有文化记忆的、有历史回忆的东西颇具感情，不会贪图眼前利，而是珍视身后名。所以，他们制造出来的圆珠笔，就算摔在地上十几次，捡起来依然可以用；他们建造的居民住房，就算住上 120 年也不会倒。

德国有一家王家歌剧院，曾经在"二战"中被美国飞机炸毁。那座歌剧院是花费了 200 年才建好的，就这样被毁掉，德国人心痛不已。于是，在"二战"以后，他们就把这片废墟圈起来，聚集了上百名科学家、考古学家、文化学家、建筑师、技术工人等，用了 35 年的时间，将一堆破砖烂瓦重新装了回去。现在，再看这家王家歌剧院，丝毫没有修补过的痕迹，如今它已经被评为"世界文化遗产"。

一次记者招待会上，某外国记者采访彼得·冯·西门子："为什么一个 8000 万人口的德国，竟然会有 2300 多个世界名牌？"这位西门子总裁说："靠的是德国人的工作态度，对每个生产技术细节的重视，我们德国的企业员工承担着生产一流产品的义务，提供良好售后服务的义务。"

当被问及，企业的最终目标是否就是利润最大化的时候，这位西门子总裁又说："德国人的经济学追求两点，一是生产过程中的和谐与安全，二是高科技产品的实用性，而非为了经济利益。遵守企业道德、精益求精制造产品，是德国企业与生俱来的天职和义务！"

所有的制造生产并不是奔着利益而去，而是为了制造出更好的东西，拿出经得起时间考验的作品，这俨然就是现代的工匠精神。德国制造的优势，从来都不在价格上，而在质量上，所以他们从来都不承认"物美价廉"，只要求生产世界领先水平、技术难度高的产品。

珠海格力电器股份有限公司总裁董明珠说："制度、规范，这是不允许任何人打破的，包括我在内，每个人都必须按照制度去履行你的行为，有些人利用亲戚关系来找，我们不可以这样做，宁可放弃这种亲情关系也要坚持原则。"

无规矩不成方圆，这是企业的原则，那么作为个人呢？毫无疑问，在有规章制度的情况下，规规矩矩地去做；在没有硬性规定的条件下，给自己设置一个底线，恪守自己的原则。

纽约的一座公寓里住着一个叫西蒙的孤单老人，他记性不好，经常忘记带钥匙，走在大街上也时常会忘记回家的路。不过，西蒙有个原则，那就是对于帮助过自己的人，总要表达谢意才安心。有一回，西蒙在邻居的陪同下去了一次医院，第二天邻居有事离开了此地，而西蒙当时没有想起向邻居道谢，就赶紧发了一封特快专递，偌大的纸上就写了两个字——谢谢。邻居回来后对他说，不必用特快专递的形式来表达谢意，而西蒙却十分认真地说："什么都可以忘，唯独对帮助过我的人表达谢意不能忘，这是我做人的原则。"

无论生活还是工作，守住原则和底线，都是一种境界。梦工场公司董事长王阳，曾经有过一番感悟："人要放弃自己做人的原则是很容易的，而要坚持自己的原则和理想，则步步维艰。但正因为你能坚持得住，才能让困难和痛苦淘汰与你有同样目标的人，你才能最后享受登上巅峰的快乐。"

每个人的生活环境不同、文化层次不同，追求的目标和理想也不一样，但在内心深处，都应有一个原则，有所为有所不为，知道哪些事情要努力去做好，哪些事情绝对不能做。这是一个崇尚自由的时代，但任何的自由都当以自律为前提，没有原则的人是无法做成大事的，无论个人还是团队，信念和原则都是最后的底线。

未来的日子，我们当多一点工匠精神，坚持信念，恪守原则，追求手艺上的精进，而不是突破内心的底线。"原则"既是为人的根本，也是成事的天梯。

"小聪明"养不出"大工匠"

有些员工在职场上待得久了，就不如从前那么踏实认真了，尤其是在得心应手、驾轻就熟的岗位上，开始学会投机取巧、耍小聪明。毕竟，有时候糊弄一下，领导不会发现，渐渐地就养成了心存侥幸的习惯，凡事都不好好做，流于形式。

李某在广州的一家大企业上班，平日里做事积极，表现很好，人际关系也不错。但有一天，一个小动作却让他在同事眼中的形象一落千丈。那天是在会议室，很多人都等着开会，有个同事看到地板有些脏，担心老板会说，就主动拖起地来。李某看见同事在干活，但不太想动，就装着头疼，在靠窗的位置趴着。

忽然，他瞥见了领导的影子，就立刻起身走到同事跟前，非要夺过对方手中的拖把，说让对方歇会儿。同事表示无须帮忙，马上就拖完了，但李某执意要求，最后同事只好把拖把给了他。李某刚拿起拖把拖了几下，领导就进了会议室，看着他一本正经地拖着地，就随口赞赏了他几句，还让周围人都向他学学。

显然，李某的这些行为引起了周围同事的不满，大家都觉得他很虚伪，从前的好形象也都一扫而光了。后来，不知道谁把这件事情告诉了领导，李某就成了领导的"重点"观察对象。时间长了，领导也发现，李某喜欢耍嘴皮子，做表面功夫，并非真心实意地替公司考虑、为老板着想，对待工作多半都是做样子，是个喜欢耍小聪明的人。原本还很看好李某的领导，打消了栽培他的念头。

半年多的时间里，李某也觉察出了领导对自己的态度有所转变，总是冷冷淡淡的，不如从前那么热情了。更糟糕的是，公司同事对他也颇有微词，有一种刻意疏远的意思，在公司里找不到成就感的李某，为了摆脱这种尴尬的境遇，自行离职了。

其实，像李某这样喜欢耍小聪明的人，在现实中有很多，这可谓这个时代的职场人的通病。他们身上缺乏的恰恰就是工匠精神，没有实干作风，不懂得依靠扎实的行动去赢得赏识，和自我的成功。什么事情都像是做给别人看的，并非真心地热爱自己的本职工作，一旦脱离了监督，就会想办法钻空子、投机取巧。

世间的成功都来之不易，全是用汗水和辛苦浸泡出来的，踏实是"以不变应万变"的良方，能把所有瞬间即逝的机会变成是实实在在的果实。试图用假装努力去欺骗上司和老板，是最愚蠢的行为，这样的行为到最后毁掉的，其实是自己的前途。

做人也好，做事也罢，都要秉承"良心"二字。投机取巧的心态，往小了说，就是不愿意付出劳动，想靠小聪明获得成功；往大了说，就是想用狡猾的手段，获取不正当的利益。这种利益，包括升职加薪，卓越的成绩，老板的赏识。扪心自问：如果你是老板，你真的会被员工的假装忠诚和努力一直蒙在鼓里吗？把别人当成傻瓜的人，才是最大的傻瓜。

郎咸平教授说过，由于依靠投机取巧所获得的成功是小概率事件，因而风险极大。如果一个人有了投机取巧的心态和习惯，不会永远取得真正的成功；如果一个企业有了投机取巧的做法，这个企业永远只能做产业链里附加值最低的制造环节，而无法脚踏实地地走向产业链中价值更高的其他环节；如果一个民族存在投机取巧的文化，那么这个民族就很难屹立于世界之巅。

古罗马人有两座圣殿，一座是勤奋的圣殿，另一座是荣誉的圣殿。在安排座位的时候，他们有一个秩序，就是必须经过前者，才能达到后者。勤奋是通往荣誉的必经之路，试图绕过勤奋而寻找荣誉的人，往往会被关在荣誉大门之外。

身为员工，公司录用了你，老板信任了你，就理应用尽心尽力的态度去做每一件事，用诚实和踏实来回报企业与老板。更何况，工作不仅仅是为了老板，更是为了自己，扎实地做事、认真地思考，收获的经验和能力是自己一生的财富。

所以，现代企业都青睐于"老实的聪明人"，在工作遇到麻烦时，有一股类似阿甘那样的"傻傻地韧劲儿"，且不会为了一己私利而做有损公司的事，也不会做华而不实的事；在处理问题的时候，又懂得变通、不死板，考虑到团队同事和公司的利益。

在任何时代，哗众取宠、投机取巧都是没有市场的。耍小聪明的人，到最后往往都是，聪明反被聪明误，基础没打好就想爬高，只会摔得更惨。也许，你曾看到有人借助这样的方式获得了便利，节省了一些时间和精力，但我要提醒你，这只是表象！你不曾看到的，是心灵的堕落，品格的摧毁。请记住：做人做事一定不能太轻浮，脚下的路，唯有自己踏踏实实走出来，才是清晰美好的印迹。

不值得定律

管理学上有一个"不值得定律"，即：不值得做的事情，就不值得做好。它所反映的是人们的一种普遍心理。如果你从事的是一份自认为不值得的工作，那么就会抱着敷衍了事的态度，成功率就会很小；即便成功了，也没有成就感。

王某是一家软件公司的技术工程师，来公司两年的时间，就凭借自身的专业基础和出色的工作能力，为公司开发出了一套财务管理软件，得到了领导的肯定。去年，王某被提升为公司开发部的主管。因为人品好，能力强，下属对她非常信任，也很尊敬她。在她的领导下，开发部取得了不凡的业绩。

公司领导认定王某是个不可多得的人才，打算提升她到总经办，负责全公司的管理工作。可是，这个好消息，却让王某很为难。王某知道，自己的特长是技术而不是管理，如果单纯做管理工作，不但发挥不了自己的专长，还可能让技术荒废掉。更重要的是，自己根本不喜欢做管理。可是，碍于领导的权威和面子，王某还是接受了这份对她而言不值得做的事。

上任三个月，她付出了巨大的努力，可结果还是不尽如人意，领导也开始不断给她施压。王某心里很压抑，越来越讨厌现在的工作和职位，甚至还想到了跳槽。

"不值得热爱""不值得付出""不值得珍视"……这种"不值得"心理是会蔓延的。当我们觉得一份工作不值得全力以赴去做的时候，几乎所有的任务我们都完成不好，我们所收获的，也只是一个稀里糊涂的前程。

也许有人会说："若是做我喜欢的事情，我肯定觉得值得，肯定不会敷衍了事。"

这句话不无道理，但绝非真理。因为，就算是做喜欢的、值得的事，依然有人做得很好，有人做得一塌糊涂。这不是抉择上的失误，而是心态上的差别。就像一句台词里所说："一道菜烧得好坏，原料不重要，调料不重要，火候也不重要，最重要的，是烧菜人的那颗心。"当你用一颗"不值得"的心去烧菜，你的菜就有了苦味。

美国著名的电视新闻节目主持人沃尔特·克朗凯特，很小的时候就对新闻感兴趣。14岁时，沃尔特·克朗凯特成了校报的记者。每周，学校都会请休斯敦一家日报社的新闻编辑弗雷德·伯尼先生来给小记者们讲授一小时的新闻课程，并指导校报的编辑工作。

有一次，克朗凯特被安排写一篇关于学校田径教练卡普·哈丁的文章。刚巧，那天是克朗凯特一个好朋友的生日，他为了去参加朋友的生日聚会，就随便对付了一篇稿子交了上去。结果，第二天克朗凯特就被弗雷德叫进了办公室。

弗雷德很生气，指责克朗凯特："你的文章糟糕透了，根本就不像一篇采访稿件，该问的没问，该写的没写，你甚至连被采访者是干什么的都没搞清楚。克朗凯特，你应该记住，如果有什么事情值得去做，就得把它做好。"

后来，这句话就成了克朗凯特的座右铭，一直鞭策了他70年，让他对新闻事业兢兢业业。

我们不是克朗凯特，但我们都应当懂得"值得做的事就要把它做好"的道理，用100%的精力去完成每一项任务。尽管有时候会不可避免地遇到严酷的事实，那就是对所从事的工作并不是完全满意，可即便如此，我们也当努力调节自己的心态。既选择了做，就要把它当作值得的事做好，不然的话，工作就会成为一种负担和痛苦，做得再极致，也难有乐趣可言。

那么，如何避免"不值得"观念的产生呢？

第一，树立正确的价值观，理性地看待值得与不值得的问题，不要凡事先想到个人利益和得失，要放大自己的格局。

第二，丰富知识和阅历，提高辨别能力，能够正确判断出哪些是值得做的事，哪些是不值得做的事。

第三，学会换位思考，站在旁观者的角度去看是非曲直，全面而周到地考虑问题，如此你会对一些当初认为不值得的事情产生改观。

第四，适当听取他人的意见，综合考虑，避免过分不值得现象的出现。

总而言之，一流的人做一流的事，不该做的事，就不要去做；一旦选择了去做，就要心无旁骛、尽全力做好，享受做事的乐趣。

知敬畏存戒惧

任何时刻，我们看到工匠都是专注的，沉浸在所做的事情中，不顾周围的环境如何，似乎全世界就只剩下他和他手中一点一点诞生出来的作品。这，就是工匠之心的力量。

为什么工匠能够如此专心致志呢？我想，最重要的原因就是，他们热爱自己所做的事，对自己的工作有一份敬畏。

日剧《天皇料理人》中的秋山笃藏，从恩师宇佐美身上学到的最重要的一课，就是任何时候都会对做料理的事情抱着敬畏之心，认真地洗每一个锅，刷每一个盘，拼命地在厨房这个小世界里用眼睛、耳朵、手和心灵去学习点滴的技艺。没有糊弄，没有自负，永远在追求更高的境界。

把目光收回，看看我们周围的员工，对工作的态度恰恰就少了这样一份敬畏心，很多人完全是在用"混日子"的态度过活。

早年我在某公司担任部门主管时，朋友介绍进来了一个大学生，男孩很机灵，我觉得是个可塑之才，想重点培养，就多给他分担了一些任务。没想到，一个礼拜之后，我就后悔了。这男生完全不具备工作积极性和主动性，但凡我少说一句，他就不会去做，甚至连问都不问。不懂的地方，也不肯主动提出来。有一次，我故意没给他指派任务，然后他就真的在办公室里坐了一天。没过多久，我换了岗位，而他也被新主管请走了。

是不是只有企业新进员工才会如此？当时，我也曾这样想过，可随着接触的员工越来越多，我才发现，任何年龄、任何阶段的员工，都不乏混日子之人。

　　在国企做文职的J，30岁左右，研究生毕业。刚开始时，每天热情洋溢的，对工作任劳任怨，无论是写发言稿、做会议纪要和总结，抑或跑腿打杂、给领导安排饭店、随行出差，都很尽心尽力。有很多次，为了赶文案，她独自在办公室里加班，很晚才回去。这样拼劲十足的日子，大概过了两年多，由于没有被提拔，她就泄气了。

　　办公室里的大多数人都是得过且过，大家私底下聊天总在唠叨，做再多领导也觉得是应该的，有些"伟大"纯属白费。在这样消极氛围的影响下，她也开始机械性地上班下班，变得没有梦想，没有追求，就等着月底发工资。她觉着，努力工作也是一天，混日子也是一天，工资照样拿，何必让自己那么辛苦呢？

　　去年，J所在的单位精简机构，很多岗位都合并了。没有任何背景，整天在办公室里刷网页的J，终究没能抵挡住这次大风暴。其实，论学历，论能力，J真的不差，她只是输在了态度上。

曾经有人做过一项关于工作态度的专题调查，统计数据显示，高达72%的受访者都认为，在公司里混日子的现象极为常见。

那么，混日子到底是一种什么样的状态呢？下面是整理归纳的一些混日子、得过且过的常见表现，大家可以核查一下自己是否存在类似的想法或行为？

1. 现在的工作状态、待遇、职位都符合自己的期望值，觉得没有突破的必要？

2. 只要不出现大的意外，工作还能勉强干下去，会一直将就着？

3. 领导交代什么，就去做什么，不会自己找事情做？

4. 工作任务能躲就躲，实在躲不过去的才会接受？

5. 按部就班地做事，不求有功，但求无过？

6. 做事漫不经心，无论老板多么着急，都觉得与己无关？

7. 对工作、创新没有任何想法，工作表现很一般，虽然没犯过什么错，但也没什么值得嘉奖的地方？

8. 经常在工作时间开小差，闲聊、看网页，不能集中精力做事？

9. 工作以外的时间，没有过任何的学习和充电？

10. 认为花心思、动脑子太辛苦，年轻就应该多享受生活？

11. 工作就是为了打发时间，总是被工作推着走？

12. 完全把工作当成赚钱的工具，对工作没有任何情感可言？

对照上述的这些情形做一下反思，你是否也在"当一天和尚撞一天钟"？若有此倾向，无论你口头上说自己有多么美好的愿望，但实际情况都已证明你在事业上的失败。

试问，一个想创作一幅名作的画家，若是拿笔时心不在焉，画画时有气无力，只是随意涂鸦，如何能画出传世之作？一个想创作优秀作品的作家，若是终日无精打采，懒得动笔，如何有作品问世的那天？

没有一份想把事情做好的态度，没有一份缜密细腻的心思，没有主动做事的习惯，无论置身于怎样的平台，从业的时间多长，都难以成为一个出色的人。要想与众不同，先要摒弃"混日子"的想法，认真去做每一件事，哪怕你一开始不具备成就大事的资本，但经历刻苦的努力后，你的资本也会逐渐变得丰厚，进而从平庸变得优秀。

帮人最终帮自己

公元前450年，古希腊历史学家希罗多德来到埃及。在奥博斯城的鳄鱼神庙，他发现了一件奇怪的事：大理石水池中的鳄鱼，在饱食后经常张着大嘴，任凭一种灰色的小鸟在它的口腔里啄食剔牙。

历史学家被这一幕惊到了，他在著作里写道："所有的鸟兽都避开凶残的鳄鱼，只有这种小鸟却能同鳄鱼友好相处，鳄鱼从不伤害这种小鸟，因为它需要小鸟的帮助。鳄鱼离水上岸后，张开大嘴，让这种小鸟飞到它的嘴里去吃水蛭等小动物，这使鳄鱼感到很舒服。"

这种灰色的小鸟叫"燕千鸟"，也称"鳄鱼鸟"或"牙签鸟"，它在鳄鱼的嘴里寻觅水蛭、苍蝇和食物残渣。有时，燕千鸟干脆就在鳄鱼的栖息地营造鸟巢，就像是给鳄鱼当哨兵，一有风吹草动，它们就会一哄而散，使鳄鱼猛醒过来，为保护自己做准备。正是这种互助式的相处，让它们像朋友一样，和平共处多年，生生不息。

职场和自然界一样，也是存在竞争的，这一点毋庸置疑。但比竞争更重要的，其实是团队间的合作。如果总把身边的同事视为处处设防的对手，以打压的方式来相处，那就未免太狭隘了。团队中的竞争应当是良性的，把焦点锁定在自己身上，不断地充实和完善自身，而非不择手段去打压团队中的其他人。

现代企业的成功都源自紧密合作，领导看重员工个人能力的同时，也会观察他是否具备团队精神，是否乐于奉献和帮助别人。毕竟，每个人在工作里都会遇到困难，只有合作共赢、互利共生，才能走得更远。更何况，主动去帮别人搬开绊脚石，有时也是在给自己铺路。

"二战"期间，一个军官突然发现有敌机向阵地俯冲下来。按照常理，发现敌机俯冲时必须要即刻卧倒。然而，军官并没有这样做，他发现离自己四五米远的地方，还有一位战士在执勤。他顾不上多想，一下子就扑过去把战友紧紧地压在了身下。此时，一声巨响，飞溅的泥土落在了他们身上。

军官拍了拍身上的尘土，回头一看，顿时惊呆了：自己刚刚站着的位置，被敌机炸成了一个大坑。如果自己不是跑过来扑向小战士，纵然自己卧倒了，也不可能有生存的机会了。那一刻，他为自己感到庆幸，也更加坚定了当初的选择是对的。

助人就是助己的事情，在现代职场上也有很多。曾经在一本国外的管理书中，看到过这样一个案例：

纽约某银行的秘书查尔斯，奉命写一篇可行性报告，主题是吞并另一家银行。他知道，有一个人肯定能给自己提供专业性的帮助，这个人就是威廉，他曾经做了十几年的市场调研。不久之前，他们成了同事。于是，查尔斯找到威廉，请求他的帮助。

当时，威廉正在办公室里接电话，对着电话很为难地说："亲爱的，这些天实在没什么好邮票带给你了。"而后，他对查尔斯解释："我在给十二岁的儿子搜集邮票。"待威廉挂断了电话，查尔斯才说明自己的来意。

也许是跟查尔斯不太熟，威廉似乎不太愿意合作，说话总是模棱两可，支支吾吾。这次见面的时间很短，查尔斯并没有达到实际目的。对这样的状况，查尔斯有点着急，不知道该怎么办。情急之中，他突然想起威廉给儿子搜集邮票的事情，就立刻想起了一位在航空公司工作的朋友，他也一度喜欢搜集世界各地的邮票。

第二天一早，查尔斯带着以一顿法国大餐换来的精美邮票，再次走进了威廉的办公室。威廉看起来很高兴，说话也很客气："我想乔治一定很喜欢这些，"他一边抚摸着邮票，一边说，"瞧这张，真是太精美了。"

他们花了一个小时来谈论邮票，看了威廉儿子的照片，又花了一个多小时，把查尔斯想要知道的情况说了出来。查尔斯并没有要求他那么做，但他把自己多年的经验，全都讲了出来，还打电话给以前的一些同事，确认一些具体的数据、报告等。

最后，查尔斯的可行性报告做得相当完美，得到了上司的肯定和赞赏。自那以后，"帮人最终帮自己"也成了查尔斯一直信奉的真理。

同事之间的工作相互关联，就犹如一台机器上的各个齿轮，不可分割。倘若其中一个齿轮出了问题，就会影响到其他齿轮的正常运行，唯有保证所有的齿轮都正常运转，整个机器才不会出问题。这也说明，想做好一件事情，没有协作是不行的。当同事陷入麻烦中时，主动伸出援手，当你陷入困境时，才不至于孤立无援。

职场成功的路不容易，我们都需要结伴而行。想明白了这个道理，就不会再为多付出一些而斤斤计较，或是用狭隘的心思嫉妒别人的才能了。

不忘初心，方得始终

我曾参加过一次和大学生的交流会，当时问过在场学生这样一个问题："有多少人现在读的专业，是自己当初想学的？有多少人还记得，自己年少时的梦想？"虽说都是年轻的学子，可听到的回答，还是让人不禁有许多感慨。

是的，很多人在成长的路上，都忘记了自己当初的梦想。大学只是一个开始，步入社会参加工作后，能够有始有终去完成自己梦想的人，就更是寥寥无几了。坚持初心，不是一件简单的事，要承受生活的辛苦、舆论的压力、诱惑的干扰、失败的撞击，谈何容易？

然而，也有少部分人，无论生活如何艰险，环境如何嘈杂，他们始终选择咽着苦涩，朝着梦想向前。正因有了他们的坚持，才有了世间的一个个传奇。

1510 年，柏里斯出生在法国南部，成年后的他继承父业，从事玻璃制造。

偶然的一天，柏里斯看到一只产自意大利的精致彩陶茶杯，被深深地吸引住了。当时，法国还尚未有人生产彩陶，都只是做一些粗糙的坛子。望着眼前这只精美的彩陶杯，柏里斯萌生了一个念头：既然他们能制造出来，我也能!

柏里斯建造了窑炉，开始烧制。可惜，情况并不乐观，他忙活了几年也没有烧制出彩陶，反倒让生活陷入拮据。为了养家糊口，柏里斯不得不重操旧业，但他并没有放弃最初的想法。在赚到钱之后，柏里斯又开始了实验，结果再次遭遇滑铁卢。此后连续几年，柏里斯不断重复着这样的生活模式，赚钱买材料、做试验，只是都没能成功。

一次又一次的失败，让周围的人给柏里斯贴上了各种贬义的标签，家里人埋怨他不务正业，邻居们笑他是傻瓜。对这一切，柏里斯没有辩解，只是默默地承受着。镇上的一位小老板很同情柏里斯的处境，主动资助他全家六个月的生活费用，让他心无旁骛地再试半年。

精心准备了三个月后，试验开始了，柏里斯专注地守在炉旁。精力体力上的消耗，失败的长期折磨，周围人的评头论足，各种担心忧虑，以及漫长的等待，让柏里斯几近崩溃。可就在这时，燃料偏偏不够了，怎么办呢？无论如何也不能让火停下来，柏里斯焦急地想着对策。

柏里斯看到院子里的木栅栏，想都没想就开始拆，但这些木头也只够烧一天。情急的柏里斯把所有的家具都劈开，扔进了炉子里。妻儿们被柏里斯的举动吓坏了，撕心裂肺地哭了起来，人们都说柏里斯疯了。

柏里斯没有疯。眼看成功就在眼前！可谁会想到，当一切就绪的时候，炉内突然发出了"嘭"的一声响，不知道是什么东西爆炸了，所有的产品都被蒙上了黑点，成了残次品。

有人想出资买这些次品，柏里斯不肯卖，挥起棒子将它们打个粉碎。镇上小老板资助的期限已到，全家人又陷入了没饭吃的境地。走到这一步，柏里斯也很受挫，历经千辛万苦，眼看着即将到来的成功，毁于一旦，这种心情绝非是语言可以形容的，这真的能把人逼疯。

柏里斯挺住了，一番沉思后，他又一次重操旧业养家糊口。一年后，柏里斯恢复了元气，又走上了试验之路。就在这一年，柏里斯成功了！他的产品被当作稀世珍品，价值连城，艺术家们争相收藏。柏里斯烧制的彩陶，至今还在法国保留下来的古老建筑上散发着耀眼的光芒。

16年的艰辛和等待，16年的尝试和失败，人生有多少个16年？又有多少人能在饱经失败的打击后还有勇气去坚持最初的理想？柏里斯做到了，16次的失败并未让他怀疑自己、放弃自己，靠着这份坚持柏里斯最终创造出了奇迹。

若说柏里斯的年代离我们太远，那么现代的一些独具匠心者依然值得我们尊崇和学习，譬如《大国工匠》里讲到的一位手艺人——捞纸大师周东红。

国画大家李可染说过："没有好的宣纸，就做不出传世的好国画。"一张宣纸从投料到成纸，需要一百多道工序，决定宣纸好坏的就是捞纸这道工序。周东红作为一名捞纸工，深得国内诸多著名书画家的认可与称赞，都点名要他做的宣纸。

什么是"捞纸"？就是两个人抬着纸帘在水槽里左右晃动，一张湿润的宣纸就有了雏形，整个过程不过十几秒。可，宣纸的好坏、薄厚、纹理，全在这一"捞"上。

提起这道工序来，周东红解释说："这叫一帘水靠身，二帘水破心。"双手要摆在水面上，不能动，像绳子一样吊着，然后整个手抬起来45度，抬得齐肩那么高，从正中间下手，用双手舀水往前走大概十五厘米左右。周东红和他的搭档们，每天要重复这一捞纸动作1000多次。

做成的每刀宣纸的重量，上下误差不能超过1克。三十年来，周东红每年要捞30万张左右的纸，每一刀纸误差都不超过这个范围，没有不合格的。如今，周东红已经是当地出了名的捞纸大师。

这样的精湛手艺，不是一蹴而就的。周东红刚刚进厂的时候，险些放弃了这份工作，因为当时周东红跟另一个同事起早贪黑地干了一个月，竟然连任务都没完成，信心大大受挫。不过，周东红是个要强的人，想着自己好不容易从一个农民变成了国有企业的技术工人，在亲友眼里也是有出息的人，若是就这样辞掉工作，拿什么脸面去见人？

自那以后，周东红开始静下心来拜师学艺，勤学苦练。那时候，周东红每天都会提早起床练习捞纸，冬天把手伸到冰冷刺骨的水里，就算长了冻疮也要继续。

一开始，周东红从事捞纸工作是为了生计，但这么多年过去，他已经慢慢爱上了这一张张宣纸。如今考虑的不是赚钱，而是如何把这门手艺传承下去。跟周东红学艺的徒弟有不少，但最终能忍受单调枯燥、起早贪黑之苦的，寥寥无几。

宣纸是老祖宗留下的东西，有1500多年的历史，一张宣纸从投料到成纸需要三百多天，十八个环节，一百多道工序。现在做这行的人越来越老，而愿意学的人却越来越少。周东红能够坚持到现在，内心是有一种使命感。周东红说，自己不知道什么叫工匠精神，只知道要做好一件事，就必须要坚持不懈、精益求精。

其实，还用过多地去解释工匠精神吗？周东红对传统技艺的精益求精和极致追求，不就是最好的体现吗？这个时代的需要的就是不浮不躁、踏踏实实的实干家！周东红给我们的启迪，或许就是那八个字——不忘初心，方得始终！

第 7 章

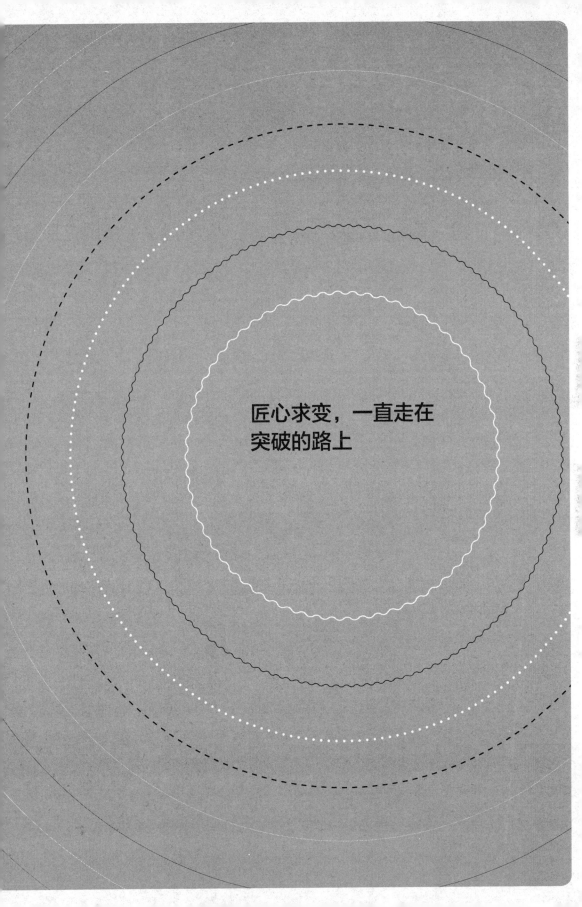

匠心求变，一直走在
突破的路上

你是否理智？大部分人都足够理
智，这就是他们无法超越平庸的
原因。

　　　　　　　　　　—保罗·阿登

创新来自不妥协

在灯红酒绿、诱惑万千的世界，很多人迷失了自己，为了追求成功不择手段，在小成绩面前忘乎所以，在鲜花和掌声中随波逐流。我们之所以提倡工匠精神，就是因为工匠身上有一种不妥协的气质，不屈从于大环境，有着自己坚定的信念。对他们来说，任何人的嗤之以鼻都算不得什么，他们甘愿在少有人走的路上坚定地走下去。

就像匈牙利作家阿瑟·库斯勒所说："正直意味着有勇气坚持自己的信念。这一点包括有能力去坚持你认为是正确的东西，在需要的时候义无反顾，并能公开反对你确认是错误的东西。"

科恩兄弟是美国知名度非常高的独立制片人。科恩兄弟从小就喜欢看电影，两人有一个共同的愿望，就是长大后能做导演，让全世界的人都能看到他们拍摄的作品。

兄弟二人先后在知名的大学里攻读电影专业。1984 年，他们完成了《血迷宫》的拍摄，这部电影塑造了一个独具魅力的影像世界，却跟当时的主流电影有很大区别，以至于观众们在看完这部影片后，一时间不能理解它的深意。这也使得科恩兄弟未能大获成功。

这次失败让弟弟动摇了，他怀疑这样做不值得，而哥哥却一直鼓励他，告诉他继续做下去肯定会有转机。此后，两兄弟抛开外界所有的舆论，亲密无间地合作，一起埋头认真地撰写剧本，一起策划，一起拍电影。可惜，此后的多部电影还是没能引起大的反响。

面对一次又一次的失败，弟弟再次动摇了，提出想要改变影片风格，尽量靠近主流电影。这样的提议，被哥哥毫不留情地拒绝了，他说："不，我们要做我们自己的东西。"

1991年，科恩兄弟拍摄的《巴顿·芬克》获得第一届圣丹斯电影节最佳影片，成为独立制片史上一部具有里程碑意义的影片。2008年的第80届奥斯卡颁奖典礼上，科恩兄弟导演的犯罪片《老无所依》获得了四个奖项：最佳导演奖、最佳改编剧本奖、最佳影片奖和最佳男配角奖，两兄弟捧走了四个小金人。至此，科恩兄弟的电影风格成了好莱坞电影的主流。

科恩兄弟以独特的风格，开启了电影界的新篇章。如此成就，源自不懈地努力，更源自一颗"我行我素"的匠心。无论外面的世界多嘈杂，始终保持内心的想法，做自己想做的、该做的，用全部的精神和力量去完成自己的使命。

科普作家阿西莫夫专注于写作，一生创作了470部著作，将教授的职位抛掷脑后。有人说他"自我膨胀得像纽约帝国大厦"，可他的回应却是"除非有人证明我说的仿佛很自负的事实不属实，否则我就拒绝接受所谓自负的指责"，而后继续坚持按照自己的方式做事，毫不谦虚。事实上，他坚持自我狂妄的个性，仍具有巨大的令人信服的力量。

世间所有的工匠，都有一个共通性，那就是做自己认为正确的、有益的事，别人做与不做，别人喜不喜欢，与他们无关。这不是因为他们觉得这样的行为可以改变世界，而是他们本身不愿意被外界所干扰、所改变。

经常看《百家讲坛》的朋友，对易中天教授肯定不陌生。他的演讲风格就是干脆利落，绝不拖泥带水，说话斩钉截铁，且声情并茂，有一种大师的魅力。他从来不特意去迎合某些人的品位，而是以独特的风格吸引人。

我们在工作中也当如此，要有自己的价值判断和主见，不能因为某些因素的干扰就人云亦云、随波逐流。

某公务员，在体制内待了十余年，工作不累，薪水也不低，可他最后却选择了辞职。当时，他正直中年，肩上的担子不轻松，上有老、下有下，周围人都劝他三思，父母更是苦口婆心地给他做思想工作，大家觉得他完全是一时兴起，冲动行事。

他很坚定，说人生苦短，做了十几年的公务员，愈发觉得自己所做的事不是人生所追求的。现在的他，在北京已经有了自己的公司，身价千万。提起现在的成就，他也很平静，说："从来也不是为了钱才去做这件事，只是因为喜欢才想去做，至于金钱上的收益，完全是专注投入以后带来的附属品。"

我的一位大学同学，毕业后一直从事软件工程师的工作。这个职业非常辛苦，经常要加班加点，且大家觉得搞技术的远不如做管理的升职快。他周围的一些同事，在做了两三年的技术后，都纷纷转行了，或是调到了其他部门，而我这位老同学就一直钻研技术，每天跟程序打交道。

一次聚会上，有人劝他去做销售，说只要有能力，绝对比做技术要赚钱。他什么也没说，只是笑笑。后来我们俩单独聊了聊，他对我说："现在的人都太浮躁了，很少有人努力坚守，可能在别人眼里，我这个人挺'轴'的，但我就是喜欢做程序，一辈子做点喜欢的事，不是挺好的吗？"

他的坚守没有白费，现在的他在技术上有很多创新，是业界小有名气的人物。

前几年，他被任命为公司技术部的总监，现在正筹备要创建自己的公司。

稻盛和夫在《活法》里讲过"决不随波逐流、死守原理原则"：面前有两条路，选哪一条？当你彷徨时，我劝你摆脱一己的私利，选择那条"本来该走的路"，即使是一条布满荆棘的路——勇敢地选择"不圆滑""不得要领"的生存方式。

真正的工匠，就应当具备这样的精神：不妥协，不世故，不随波逐流。

再试一次的勇气

多年前，家里要打一个橱柜，家里有个远方亲戚那时刚刚开始做木匠学徒，热心地说免费帮忙，也试试自己的手艺。大家都知道，木匠是个手艺活，有经验的和当学徒的，自然没法比。那时家里也不富裕，而亲戚又那么主动热情，也就接受了他的好意。

果然，橱柜做出来后，比预想得要差，且不说外观漂亮与否，就连严丝合缝的标准都达不到，一看就会觉得是粗制滥造的。可即便如此，我们还是乐呵呵地接受了。亲戚那时也就 20 多岁，自己也觉得不好意思，说手艺太差，将就着用吧。

那时候，周围很多人都说，他不适合做木匠，手脚太笨，悟性也不高。可他不管别人怎么说，认准了这一行就坚持做下去。没活儿的时候，他就自己在家琢磨，打个小柜、写字台什么的，一次做不好，就再试一次。

如今，二三十年过去了，这个亲戚已经成了当地有名的木匠，经常自己承包一些装修、定做家具的活。他的手艺，比起给我们做橱柜的时候，有了天壤之别。现在看他做出来的东西，和外面家具店买的没什么区别，无论是样式还是做工，都是一流的。

什么是天才？也许，就是托马斯·爱迪生所说："天才是 1% 的灵感，加99% 的汗水。"这个亲戚就是一个典型的例子，没有所谓的天赋，悟性也不是很高，最初的手艺不被旁人看好，可他在面对质疑的时候，却从没想过放弃，这些年一直坚定地做着木匠活，而手艺也在不断地提升。

想来，做任何事大都如是。刚开始的时候，总会受到一些挫折和质疑，乃至承受失败。可只要不妥协，抱着不断尝试的态度，往往就会迎来转机。

约翰·吉米是美国一家人寿保险公司的推销员，他花了 65 美元买了一辆脚踏车，四处去拉保险。遗憾的是，始终没做出什么成绩。即便如此，约翰·吉米还是坚持做下去，晚上再累也要写信给白天拜访过的客户，感谢他们接受自己的访问，希望他们为了自己个人的健康投保，字字句句都写得诚恳感人。

可是，任凭约翰·吉米再怎么努力，再怎么辛苦，结果都不尽如人意。两个月过去了，约翰·吉米一个客户也没有，上司催得越来越紧，巨大的压力压在他身上。劳累了一天回来，他经常连晚饭都没心思吃，虽然妻子细心体贴，可一想到明天，他浑身都冒冷汗。关于那时的心情，约翰·吉米曾经在日记里写道：

"从前，我以为一个人只要认真、努力地工作，任何事情都能做好，但是这一次，我错了。因为事实显然并非如此。我辛辛苦苦地跑了 68 天，却连一个客户都没拉到。也许，保险工作真的不适合我，我应该换一份工作了……"

妻子劝慰他："别急着放弃，坚持下去也许就会有转机了呢！"

吉米听从了妻子的劝告，决定再试一试。约翰·吉米曾经想说服一个小学校长，让他的学生全部投保，可校长对此并不感兴趣，一次次将他拒之门外。现在,他想再登门拜访一下。

第69天,吉米再次出现在校长眼前。他的诚心,感动了对方,校长最终决定,同意全校的学生投保。吉米就这样成功了,拿到了一个大订单。成功的激励给他带来了莫大的鼓舞,此后约翰·吉米更加努力,最终成为美国有名的保险推销员。

现实中抱怨生不逢时、没有机遇的人,有几个一直秉持着"再试一次"的心态?也许,多半都是,考试不过关,干脆就放弃了;电话打不通,干脆就不打了;计划不成功,干脆就转行了;东西修不好,干脆就扔掉了……理由总是没希望,可真相却是,没有勇气和耐心再试一次。

有个青年到微软公司应聘,当时的微软并没有刊登招聘广告。看到总经理疑惑不解,青年用不太娴熟的英语解释说,自己刚巧路过这里,就贸然进来了。总经理觉得挺有意思,就破例让他试一试。面试的结果不太理想,青年表现得很糟糕,他跟总经理说,是自己事先没有准备好,才会出现这样的状况。总经理觉得,这不过是一个托词罢了,就随口说了一句:"那就等你准备好了再来试吧!"

按照常人的思维来想,这个人恐怕多半是不会再来了。可是,万万没想到,一周以后,这个青年再次走进了微软公司的大门。不过,这次他还是没有成功,总经理给出的回答和上次一样:"等你准备好了再来试。"

知道吗?这个青年真的先后五次踏进微软公司的大门,他根本不介意别人会怎么看,而是一次次地完善,等待被认可,被接受。终于,到了第五次的时候,微软录用了他。

扪心自问,你有没有为了一份心仪的工作,先后去同一家公司面试五次?是不是在一次被拒绝后,就放弃了呢?你有没有为了一位客户,先后去拜访他五次?是不是也在第一次被拒绝后,就将其放进了黑名单?你有没有为了一个职位,先后去争取五次？是不是在一次被否定后，就灰心沮丧甚至想到另谋高就了呢？

　　要知道，越是追求卓越，需要付出的努力就越多，同时要承受的失败也越多。在这样的时刻，就需要有"再试一次"的决心和胆量，坚持再坚持。一次又一次之后，哪怕你还没有抵达成功的彼岸，你也一定在此过程中得到了提升。工匠精神，是永不言败的精神，是不断追求进步，是敢于接受打磨，在探索中拥抱灿烂和辉煌。

成功效仿不来

自然界有一种虫子，总是习惯跟着前面同伴的尾部行走，盲目性极强。后来，生物学家将它们首尾相连地放在花盆旁边，其实食物就在不远处，可它们就只围绕着花盆爬，一圈又一圈，最后饥饿而死。

看到这样的结局，多数人都会理智地感叹：盲目地跟随别人的脚步走，就会偏离自己的主线，甚至无路可走。可跳到了故事之外，置身于现实中，很多人的理智却又消失了，变得跟那些虫子一样，被别人的光环吸引着，以为按照别人的脚步走，就能实现自己的目标。结果呢？实现目标的没几个，迷失方向的却不少。

每个人的成功是不同的，到达成功彼岸的时间也是不同的。成功的路径是慢慢摸索出来的，但前提是你必须走在自己的主线上，不能乱了阵脚和方向。临渊羡鱼，被别人的光环吸引而忘了自己的优势，往往是不幸的开始。

张某原来在区级政府里做公务员，虽说单位的级别不高，可在小城市里，也算是不错了。毕竟待遇好，薪资也不低，张某在单位表现很好，深受领导赏识，只要好好干，体制内一样有他施展拳脚的机会。

可是，后来的一次同学聚会，却让张某动摇了。大学毕业十几年，昔日的同窗有不少都去了大城市闯荡，有人下海经商赚了不少钱，这让张某看得有些眼红。和自己的同学一比，经历阅历、财富地位、生活状态，似乎哪儿都有差距，让张某很不舒服。

张某骨子里也是个要强的人，他羡慕那些有能力、有闯劲的人，能离开自己的家乡，到大城市里接受新鲜事物，衣锦还乡。可自己呢？每天朝九晚五，除了上学时学的那点东西，没有其他领域的专业知识，至于工作方面，都是琐碎的报表、报告等。

纠结了半年后，张某一狠心，离开了现在的单位，也去了广州发展。经过两三年的折腾，张某没赚到什么大钱，日子过得反倒拮据起来。他有点后悔当初的决定，但也从中总结出了一条经验：别人的成功再大，光环再耀眼，也是别人的；自己的成功再小，再不起眼，也是自己的。成功不能随便复制，别人走的路未必适合自己。

其实，看到别人的成功，出现一些心理波动也是正常的，毕竟人人都渴望实现个人价值最大化。但有一点要清楚，你可以被成功所激励，但不能被它扰乱步伐。每个人都有自己成功的途径，要靠自己去付出、去探索。倘若总是偏离自我而试图成为别人，或试图表现其他而扭曲真实的自己，那么模仿的程度越大，失败的可能性越大。

为什么那些工匠能够在自己从事的领域内做到极致？原因就是，他们都有着强烈的个性，敢于用自己的思想去尝试新方法，坚持自我而不盲目效仿，所以他们创造出来的作品，是独具匠心、与众不同的。总随着别人的轨迹前进，因循守旧、不懂创新的人，往往都缺乏创造力和成长的活力。

对刚刚进入某一领域的新人来说，前辈的方法是可以借鉴的，但你依然还要保持一种创造的动力，要坚持去做有自己风格的东西。不要害怕展示自己，要努力寻求改变，做一个有思想的工匠，这样你才能够找寻到自己的位置。

偏执改变世界

如果你看过乔布斯在斯坦福大学的演讲视频，我相信，你也会动容。

乔布斯慷慨激昂地说："不要被信条所惑，盲从信条就是活在别人思考的结果里。不要让别人的意见淹没了你内在的心声。最重要的，拥有跟随内心与直觉的勇气，你的内心与直觉多少已经知道你真正想要成为什么样的人，而任何其他事物都是次要的。"

在大学里，乔布斯坚持的不是学业，而是梦想。事实上，在乔布斯的一生里，梦想始终是他的精神支柱。说起自己的经历，乔布斯感触颇深："当我还在大学时，不可能把这些点点滴滴预先串在一起，但是在十年后回顾，就显得非常清楚。我再说一次，你不能预先把点点滴滴串在一起；唯有未来回顾时，你才会明白那些点点滴滴是如何串在一起的。所以你得相信，你现在所体会的东西，将来多少会连接在一块。你得信任某个东西，直觉也好，命运也好，生命也好，或者业力也罢。这种做法从来没让我失望，也让我的人生不同起来。"

仔细观察，也许你会发现，乔布斯外表最吸引的人，莫过于那一双眼睛。他总是专注地盯着别人，告诉对方自己的看法，让对方被他强烈的人格魅力所感染。

很多人在乔布斯的影响下，都达成了自己不敢想象的目标。有人称乔布斯有强大的"现实扭曲力场"，普通人所看到的那些客观条件的限制，在乔布斯那里完全不是问题，乔布斯一直坚信，只要相信就可以做到。

反叛而坚定的性格，伴随着乔布斯的一生。他像工匠一样专注，让不可能的事变成可能，那份近乎偏执的坚持，塑造了独特的他，也塑造了独特的"苹果"。

30岁以后，乔布斯创立了皮克斯，创造出了一部部动画精品。与此同时，乔布斯成为皮克斯和苹果两家上市公司的CEO，创造出了iPod、iPhone、iPad、iMac等一系列产品。这些成就跟乔布斯的性格有着密切的关联，坚持创新，挑战权威，与众不同。

这个偏执的人，改变了世界。

在产品的把控上，乔布斯也是偏执的，对于所有的细节，哪怕是无关紧要的部分，他都要求精益求精。

如果去读乔布斯的个人传记，你会觉得它比任何的心灵鸡汤都要励志。

在乔布斯重回苹果公司后，他跟广告商们一起琢磨广告词，字字句句里都透着个人的信念和鼓舞人心的力量："致疯狂的人：他们特立独行，他们桀骜不驯，他们惹是生非，他们格格不入；他们用与众不同的眼光看待事物、他们不喜欢墨守成规、他们也不愿安于现状。你可以认同他们，反对他们，颂扬或者诋毁他们，但唯独不能漠视他们。因为他们改变了寻常事物，他们推动人类向前迈进。或许他们是别人眼里的疯子，但他们却是我们眼中的天才。因为只有那些疯狂到以为自己能够改变世界的人，才能真正改变世界。"

360公司董事长周鸿祎说："每个人都有自己对乔布斯成功的理解，但是我认为最重要的是乔布斯的自我反省能力。其实乔布斯经历过很多失败，但是从失败中学习了很多经验，永不放弃。"正是在多重挫折与重大失败中，乔布斯淬炼出了这枚闻名世界的"苹果"。

　　乔布斯选择了热爱，选择了梦想，选择了坚持。这一路走来，跌跌撞撞，坎坎坷坷，他却从未想过放弃。所以，在人生的路上，你若找到了自己所热爱的事业，那么请你勇往直前。要知道，通往梦想的旅程，除了坚持，还是坚持！

无惧"黑天鹅"

"黑天鹅事件"是指不可预知的不寻常事件，就像纳西姆·尼古拉斯·塔勒布（Nassim Nicholas Taleb）在《黑天鹅》（*The Black Swan*）一书中所描述的那样。我们日复一日、年复一年的生活都需要不断前进。意外并不罕见，出现的频率也不低，而且我们已经学会了如何应对它，或者说至少可以磕磕绊绊地走过。但是"黑天鹅"有所不同——我们一辈子可能也碰不到一次。因此，就像塔勒布所说的那样，我们在遭遇"黑天鹅"时的反应会决定我们的生活轨迹。

既然"黑天鹅"的定义决定了我们无法未雨绸缪，自然也不能因为它而寝食难安，那么我们究竟应该如何应对呢？灵丹妙药是没有的，不过有一个思路，或者说是一个词语可能会非常有用，那就是——适应力。

在工作中总是不缺少突发事件，如果一个人只能按部就班地工作，对于任何突然出现的变化都无法接受和适应，那必然迅速被社会淘汰。

具有良好适应力的人有以下显著特征：

▶ 内心平和。

▶ 高度的自知之明。

- 不同寻常的经历，如有过大起大落的人生、吃过一般人没有吃过的苦。

- 喜欢应对一般的混乱局面。

- 善于沟通、交际面广。

- 活力四射。

- 正直。

- 幽默感。

- 懂得移情。（"我可以感受到你的痛苦"——并非与别人抱头痛哭，而是表现出同情。理解有些人的适应力有限，并且尊敬这些人，不把他们看作"失败者"。）

- 快速作出艰难抉择，不瞻前顾后。

- 果断，但不苛刻。

- 鲜明的个性与同等鲜明的团队合作精神。（这可能是一种理想状态，不过我们可以把它作为目标。）

- 了解规则及其重要性，但在必要的时候回避它。

- 乐意接受新奇思想的挑战，但是总体来说属于实干型。

- 满怀希望。

具有良好适应力的机构的显著特征：

- 为各个岗位和各个层次聘请适应力强的员工。也就是说，将"是否表现出适应力"作为考察重点。

- 提拔那些展现出良好适应力的员工，并广而告之。

- 组织具有分散化的结构，可以避免因筹划不周而导致满盘皆输的问题。

- 能够应对紧急情况。

- 居安思危，在平稳时期懂得利用各种变化的因素考验团队，警醒大家。

- 预留应对突发情况的资源，有重要资料备份的良好习惯。

▸ 培养全体员工的积极主动、关心与尊敬、执行力、责任心等素质。

▸ 具有"适应力文化"，将其作为明确的机构价值观。

▸ 全心全意关注一线员工的进取心。（未雨绸缪的一大缺点就是它或多或少地依赖装备精良、成本昂贵的"紧急情况责任人"的反应。但是，大量证据表明，最关键的决策都是由现场人员所做出的——在最敏捷的"紧急情况责任人"到达现场之前他们就已经有所行动。）

▸ 漫步式管理——在任何时间对任何事情进行现场沟通。

▸ 良好的透明度。（保证所有人的知情权，不让一个人蒙在鼓里。）

▸ 利用模拟演练考验整个机构——运动员们经常这样做，你的会计部门怎么就不可以呢？

▸ 特立独行的人们在被提拔的员工中占到相当大的比例。特立独行的人们总是认为"怪异即正常"。

▸ 真正的多样性。不同的意见和背景具有无限价值。

比别人多走一步

伍迪·艾伦说:"成大事者与未成事者之间的差距,并非如大多数人想象的是一道巨大的鸿沟。成大事者与未成事者的区别在于一些小小的行动上:每天多花五分钟时间阅读,多打一个电话,多努力一点,多做一些研究,或在实验室中多实验一次。"

关于成功,无数卓越人士和组织都在极力秉承这样的理念和价值观:比别人多走一步!即比别人看得更远一点,做得更多一点,动力更足一点,速度更快一点,坚持更久一点。现代社会,缺乏的正是这种工匠般的意志和精神。

看过一期栏目,有人询问国内一位成功的企业家:"为什么你在事业经历了那么多艰难和阻力时,还可以不放弃呢?"企业家的回答,平实却令人震撼,他说:"你观察过一个正在凿石的工匠吗?他在石块的同一位置上恐怕敲过了100次,却毫无动静。但是就在那101次的时候,石头突然裂成两块。事实上,不是这第101锤使石头裂开了,而是先前敲的那100下。"

但很多人就是敲打到90次或100次的时候,看到石头静止不动,就放弃了。其实,如果能再多坚持一会儿,多用一点儿力,结果可能就会完全不同。

励志大师拿破仑·希尔访问过诸多的成功人士，并总结出了这些人士共有的特征：他们成功之前，都遭遇过非常大的险阻。事情遇阻就放弃看似无关紧要，可往往迈过了这一步，就能抵达终点；多坚持一下，奇迹可能就诞生了。

理查·巴哈所写的《天地一沙鸥》，在出版前曾被十八家出版社拒绝，最后才由麦克米兰出版公司发行。短短的五年时间，在美国就卖出了七百万本。《飘》的作者米歇尔，曾经拿着作品和出版商洽谈，被拒绝了八十次，直到第八十一次，才有出版商愿意为她出书，而此书一出便成了世界名著。

去过开罗博物馆的人，一定会对从图坦卡蒙法老墓里挖掘出的宝藏所震撼。这座庞大建筑物的第二层放置的，大都是灿烂夺目的宝藏，黄金珠宝、大理石容器、黄金棺材等，巧夺天工的工艺至今无人能及。可鲜少有人知道，如果当年不是霍华德·卡特坚持多挖一天，这些宝藏可能到今天还深埋在地下。

1922年，卡特几乎放弃了找到年轻法老王坟墓的希望，他的支持者也准备取消赞助。卡特在自传里这样写道："这将是我在山谷里的最后一季，我们已经挖掘了整整六个季节，春去秋来毫无收获。我们一鼓作气工作了好几个月，却没有发现什么，只有挖掘者才能体会到这种彻底的绝望感，我们几乎已经认定自己被打败了，正准备离开山谷到别的地方去碰碰运气。然而，要不是我们垂死的努力一锤，我们永远也不会发现这超出我们梦想所及的宝藏。"

就是这垂死的努力一锤，让卡特闻名了全世界，他发现了一个完整出土的法老王坟墓。

年轻人如果有机会的话，多跟一些手艺人、艺术家聊聊，在他们身上，你会发现，一个人对于自己所钟爱的事业，就算受尽了磨难也会坚持。那种工匠精神，如同一剂强心剂，让浮躁不安的思绪平静下来。

成功没什么秘诀，贵在坚持不懈；卓越也没什么秘诀，就在比别人多走一步。对工作，既然选择了，想要好的结果，都应有一份坚持的态度。遇到了不喜欢的事情，别推托，坚持用心去做，你会发现其实能做得很好，从前只是潜意识里对这件事没有自信，才导致兴趣下降。多一点迎难而上，找寻积极的、有趣的价值。

　　人们常常是在跨过乏味与喜悦、挣扎与成功的重要关卡前选择了放弃；在做了90%的努力后，放弃了最后可以获得成功的10%。这，其实是人生最大的一种浪费，不但输掉了开始的投资，也会丢掉经由努力而有所收获的喜悦。任何一件平凡的事情，只要你能坚持"比别人多走一步""多坚持一分钟"，你的生活可能就会与众不同。

主动更新自己

某公司的 HR 经理向我讲过这样一件事：

一位大学毕业生到他所在的公司应聘，此人先前有在其他公司任职的经历，工作时间不长，只有半年。问及离职原因，该毕业生给出的理由是：原来的单位没有人给自己安排具体工作，整天无所事事，半年下来什么都没学到，也没有积累下任何经验，感觉自己得不到成长和发展，就想换一个环境。

尽管他说的振振有词，可结果不难猜想，他没有被录用。HR 经理说："没有人安排具体的工作，这根本不是理由。没有学到任何东西，没有得到任何成长，完全在于他自己没有把握住机会。公司需要的员工不是只会干活的机器，他必须适应激烈的竞争、紧张的节奏，主动去找事做，而不是等谁来安排，等谁来教。"

我也替这位毕业生感到惋惜，他全然不懂得，一个人的成长和成功关键在于自己。时刻等待着别人来指挥你、指导你，而不懂得主动去找事情做，主动去学习，那无异于坐以待毙。在老板的心目中，一个能成事的员工首先应当具备的素质，就是主动工作。有些事情即使老板没有交代，可它是对公司有益的，你也当尽心去做，有时甚至比老板还要积极主动。

打个比方，你可以主动做好办公室的卫生，给领导和同事一个整齐清爽的办公环境；你可以主动了解公司的产品、市场信息和运作流程；你可以跟一线工人接触，了解加工流程和生产技术；你也可以同管理、营销的同事们多接触，多学习一些管理知识和销售技巧。无论是哪方面的内容，只要你认真做了，都会有收获，绝不可能陷入无所事事、碌碌无为的境况中。更何况，你所希冀的那所谓的机会和运气，也都隐藏在这些细微的地方。

著名的演说家霍金斯，深知让客户及时见到他本人以及他的演讲材料至关重要，所以他特意安排了一位助理，专门负责把演讲材料第一时间送到客户手中。

有一次，霍金斯要担任演讲的主讲人，他给自己的助理打电话，询问演讲的材料是否已经送到了客户手中。助理回答说："没问题，我几天前就已经把东西送过去了。""对方收到了吗？"霍金斯追问道。"应该收到了吧，我是让联邦快递送的，他们保证两天后送达。"

不怕一万，就怕万一，事情偏偏出了差错。客户虽然拿到了材料，可由于当天收到的资料太多，完全没有意识到这份材料的重要性，就随手放到了一旁。等到用的时候，却发现找不到了。结果，演讲的效果远不及预想得那么好。其实，如果当时助理能主动打个电话落实一下，也就不会发生这样的事了。

得知事情的原委后，霍金斯决定重新聘请一位助理。碰巧的是，新助理上任后，霍金斯又要到上次的客户那里演讲。他用同样的问题问新助理："我的材料寄到了吗？"

"嗯，客户3天前就收到了。"新助理说，"只是我给他打电话时，他告诉我听众可能比原来预计的多300人。您别担心，我已经把多出来的材料也准备好了。以前我跟客户联系时，他也不能肯定最终会多出多少人参加，因为有些人是临时入场的，我担心300份不够，就寄了500份。另外，他问我您是否希望在演讲开始前让听众手上拿到资料？我告诉他，您通常都是这样的，但这次是一个新的演讲，所以我不能确定。为此，他决定在演讲开始前发资料，如有变动可事先通知他。我这里有他的电话，您若有其他要求，我可以今晚打电话联系告知。"听完助理的一番话，霍金斯彻底放心了。

霍金斯只是要求助理寄资料，助理却把他没有交代的事情也做好了。我想，这样尽职尽责、积极主动的助手，没有人会不满意。不要总想着如何被机会青睐，要明白，主动才会有机会，等待是没有结果的。

那么，作为一名普通的员工，如何才能展示出你的主动性，做得比老板更积极呢？

（1）想在老板前面

积极的员工，从来都不会被动地等着老板告诉他该做什么，而是主动去了解自己要做什么，并全力以赴地完成。对于工作中需要改进的地方，争取老板尚未提出，自己就能把考虑成熟的方案递上去，这样的行动是最得老板之心的。毕竟，你真正帮老板减轻了他的精神负担，他可以不再为此占用大脑空间，腾出来思考其他的事情。即便你不能每一个问题都考虑在老板前面，也要努力这么做，久而久之，老板自然会对你刮目相看。

（2）别吝惜私人时间

老板每天工作十几个小时是常事，所以你不要吝惜自己的私人时间，到了下班时间就率先冲出去的员工，是不会得到老板喜欢的。在做好本职工作的同时，尽量找机会为公司做出更大的贡献，即便暂时得不到什么回报，也不要斤斤计较。如此，老板会觉得你是一个踏实肯干的人，而乐于把更重要的事情交给你。

（3）不满足于现有的成就

老板之所以成功，是因为总在追求更高的目标，从不满足于现有的成就。想得到如此优秀之人的赏识，你必须时刻警告自己不要躺在过去的荣誉上睡懒觉，将老板当成自己的合伙人，为了共同的目标而努力。

你若能做到比老板更积极主动，那便没有什么目标是不能达到的了。

在棘手的任务中突破自我

很多人应该都有这样的体会，工作中总会有一些谁都不想做的"苦差事"，谁见了都是一副唯恐避之不及的态度。当别人把烫手的山芋扔到自己手里的时候，心里很是不痛快，总觉着自己做了就等于吃亏了。毕竟，这种事向来都是"费力不讨好"，付出全部心力也未必能见效果，办砸了更是惹得一身笑话。扪心自问一下：你有没有过这样的想法？

其实，碰到"苦差事"不总是倒霉的，别人都不愿意干的工作，有可能比那些表面看起来光鲜的工作更能激发人的斗志和潜能。你若担心吃亏而跟着他人一起推卸责任，就等于在把机会往外推。

为什么这样说呢？想想看，员工在什么时候的表现最容易引起老板的注意和重视？绝非是处理日常事务的时候，而是遇到难题迫切需要解决的时候。当一个棘手的任务摆在眼前，所有人都试图往后退的时候，如果有人勇敢地站出来，表示愿意接下这块难啃的骨头时，老板必然会感到欣慰，至少有这样的员工愿意去挑战困难。至于结果，只要你努力去做了，哪怕不尽完美，也不会影响老板对你的认同和赏识。在挑战棘手工作的过程中，你赢得的不仅是展露才能、勇气和责任心的机会，还有发掘潜能、积累经验的机会。

陈某是一位重点大学的硕士生，毕业后如愿以偿地进入了机关部门工作，这让周围不少人心生羡慕。然而，陈某的心里并不那么得意，反倒还有点失落。原本，他预想自己到单位后应当是备受瞩目的人才，负责重点项目的推进，可现实却是，他整天被办公室里的几位资历较深的同事呼来唤去，这种落差让他很有挫败感。

有一天早上，陈某刚到办公室，旁边的陆姐就递给他一份笔录，说："待会儿有人过来拿批文，不管他说什么，你不要动怒，只要心平气和地把他打发走就行了。"陈某还没有理顺情况时，拿批文的人来了。

整整一上午，陈某苦口婆心地给对方讲道理，从党的政策到地方法规，从公职人员的责任到公民的义务，整个办公室的人都默默地听着，屋子里安静得出奇。大家从未发现，平日和和气气的陈某，竟然有这么好的口才，有这么沉稳的心态。拿批文的人，最初还是一副蛮横不讲理的态度，到后来却被陈某说得哑口无言，最后批文没拿走，对陈某的一番教育倒是心服口服，记忆深刻。

那人走后，办公室里的人都松了一口气。午饭时间，隔壁办公室的人问陈某："听说，你上午把局长的亲戚打发走了？""啊……局长的亲戚？"陈某一下子愣住了，这才明白为什么一向能说会道的陆姐，会把这项"光荣"的任务交给自己。原本还沉浸在喜悦中的他，心里顿时变得沉沉的，像是被一块大石头压住了。

几天后，局长亲临办公室，指名要见陈某。涉世不深的陈某，着实吓出了一身冷汗，心想："这下可捅了篓子了！"没想到，局长并未疾言厉色地训斥他，而是亲切地同他聊起了天，问他是什么大学毕业的，家里有什么人，平时有什么爱好。尽管没有雷霆万钧，可大家还是觉得，陈某要倒霉了。

一个月、两个月，什么动静也没有。第三个月，一纸调令下来了，陈某被调到另一个专门负责重点项目的部门工作。

当局者迷，旁观者清。纵观整个事件，我们不难看出：陈某在不知情的情况下，接手了一件棘手的任务，并竭尽全力做好了它。而机关算尽的陆姐，却在投机取巧、趋炎附势之中，错失了提升的机会。

L在一家传媒公司做文员，因为年纪不大，为人又很和气，周围的同事平日里都爱让她帮着做事。遇到麻烦点的事情，大家推来推去，最后都抛给L。她总是笑盈盈地接着，不说抱怨的话，也不会流露出不满的神情。她心想，杂事多点没关系，正好锻炼自己，所以不管是联系广告业务，还是参与文案写作，或是选择传播渠道，她都做得不亦乐乎。

L大概没想到，做的事情多了，机会也跟着来了。很多次，L独自在办公室里加班，做着本不属于自己的工作，被老板尽收眼底。渐渐地，老板开始注意到她，并有意识地把更重要的事情交给她做，有时去见重要客户，参加重要谈判，也会带着她。

几年后，公司准备进行改革，以股份制的形式来经营。老板要求L制作一份招股说明书，L虽未做过类似的工作，却也不负老板的期望，漂亮地完成了这项任务。之后，她顺理成章地成了老板的助手，董事会秘书。

棘手的任务是一项"苦差"，但是苦中有甜，苦中有乐，苦中有机会。如果你能笑着接纳这些"苦差事"，认真努力地把它做好，那你必会从中获得他人难以获得的回报。

白日梦时间

达夫·弗罗曼（Dov Frohman）是半导体行业的先驱。他的成就之一就是创建了英特尔以色列办公室，并且为以色列蓬勃发展的高科技产业做出了非常重要的贡献。他还与罗伯特·霍华德（Robert Howard）一道为我们呈现了一本真正原创的领导力书籍——《领导不好当：为什么领导力无法教授以及大家应该如何学到它》。在"艰难领导力的软技巧"一章中，弗罗曼坚持认为领导者、经理人必须把自己至少 50% 的时间从日常工作中解放出来，这一点令人震惊（或者说至少令我震惊）。他的表述如下：

"大部分经理人花费大量时间思考自己计划做些什么，却很少花时间思考不要做些什么。于是，他们如此沉迷于救当前之火以至于根本无法应对机构所面临的长期威胁和风险。因此，领导力的第一软技巧就是培养马克·奥勒留①的视角：避免忙碌，解放自己的时间，关注那些真正重要的事情。

---

① 公元 121—180 年，是斯多葛学派著名哲学家、古罗马帝国皇帝，著有《沉思录》一书。

"再直白一点就是：每个领导者都应该在日程表上留出大量空白时间——我建议 50% 的时间……只有这样，大家才有思考眼前事务、从经验中学习、从无可避免的错误中恢复元气的空间。

"如果没有这种空闲时间，领导者最终只能忙于应付眼前问题……经理人对于我这一提议的反应通常都是，'这的确千好万好，但是我还有很多事情要做'。我们在毫无价值的活动上浪费的时间太多了。这占用了领导者大量精力，使他们根本没有时间关心真正重要的事情。"

弗罗曼的观点带给我一个令人耳目一新的想法，那就是"白日梦"。

"白日梦原则"：我的商业生涯中几乎所有重大决策在某种程度上都是白日梦的结果……当然，每次我都必须搜集大量数据，进行详细分析，然后让数据来说服上司、同事和商业伙伴。但那都是在后来，开始的时候就是白日梦。

我所说的白日梦指的是没有任何目标的思想漫游……事实上，我认为白日梦是一种特殊的认知模式，尤其适合复杂、模糊的问题，而这些问题正是动荡的商业环境的主要特征。

白日梦还是应对复杂状况的有效手段。如果一个问题非常复杂，那么细节问题就会非常多。人们对于细节的关注程度越高，就越有可能迷失其中……每一个孩子都知道如何做白日梦。但是许多人，也许是大部分人，在长大后都丧失了这一能力。

真正实施"白日梦"绝非易事，人们往往被经验束缚。

在非洲的撒哈拉沙漠，骆驼是最重要的交通工具，人们需要用它驮水、驮粮、驮货。在长途跋涉中，一头骆驼比十个壮年人驮的重量还要重，所以家家户户都会饲养骆驼。骆驼虽好，但驯服起来很难，一旦它狂躁起来，十几个人也拉不住。

为了驯服骆驼，在它们刚出生不久，养骆驼的人就得在地上栽下一根用红线缠裹的鲜艳木桩，用来拴骆驼。骆驼自然不愿意被小木桩拴着，它拼命地拽绳子，想把木桩拔出来。但木桩埋得很深，且被绑上了沉重的石头，就算是十几头骆驼一起用力，也很难把木桩拔出来。折腾了几天后，骆驼筋疲力尽了，开始不再挣扎。

这时，主人把木桩上缠裹的红线拆下来，坐在木桩上，用手悠闲地拉住拴骆驼的绳子，不停地抖动。不甘受人摆布的骆驼又开始狂躁起来，它觉得自己比人要强大得多，又开始拼命地拽、挣扎，把四只蹄子都折腾出血来，可紧拉缰绳的人却依然纹丝不动。骆驼渐渐地臣服了，不再折腾。

第二天，牵骆驼缰绳的人，变成了一个小孩子。骆驼再次发起野性，结果还是摆脱不了束缚。此时此刻，骆驼彻底被驯服了。从这天起，只要主人拿着一根拴骆驼的小木棍，随便往地上一插，骆驼就围着那个小棍转来转去，再不敢和木棍抗衡。随着身体一天天长大，它已经习惯了被小棍牵着的生活，再不想挣脱。

被驯养的骆驼自然听话，但也经常会发生悲剧。有时，当沙暴突然降临，骆驼队的人为了防止自己的骆驼迷失，就会迅速在地上插一根木棍，把一头或几头骆驼全都拴在小棍上。当骆驼的主人被巨大的沙暴远远裹走后，骆驼们就死死地待在小棍周围，若是主人始终回不来，没人拔掉木棍，它们就会一直待在原地，最终被活活地饿死。

与其说骆驼是被饿死的，倒不如说它们是死于经验和习惯。不可否认，经验对我们有一定的帮助，在工作上能提供诸多的便利。可是，如果死守着经验，总是按照习惯去做事，不懂得变通和创新，就可能被经验束缚，影响潜能的发挥。

　　GE 公司的一位销售主管，在担任此职务六年中，使分公司的销量大幅度上升。在一次大型的销售行业交流会上，不少人都想听听他的成功秘诀。然而，他的回答却让人大跌眼镜："唯一的原因，恐怕就是我坚持雇佣没有经验的推销员。"

　　这听起来有点不可思议，众人都等着他做进一步的解释。

　　看到大家不解的样子，他接着说："大家别误会我的意思，我不是贬低有经验的推销员，可就我们公司所销售的设备来说，一个有几年销售经验的人，未必比一个刚刚接受过培训的年轻人做得更好。更多的时候，一些有经验的销售老手，不太会改善他的推销能力，反倒会养成一大堆的陋习。个人愚见，有些分公司销售量持续降低的原因，极有可能是他们雇佣的推销员在谋求个人利益方面太有经验了。如果是一个没有经验的推销员，反倒会好一些，他们更愿意尝试用全新的方法来创造好的业绩。更重要的是，他们会比在这个行业里做了 20 年的人，更有热情。我相信，一个人在工作上的表现，取决于他渴望达到的程度。一个在公司里升到了相当职位的老员工，通常会想坐下来享受那种生活方式，而不会花费太多时间去创造更好的销售纪录，一个新手却会为了不断改善业绩而付出更多的努力。"

　　其实，这番话说得很有道理。心理学研究发现，我们所使用的能力，大概只占自身所具备能力的 2%~5%，每个人还有诸多潜力待挖掘。要打开潜力的大门，超越现在的自己，就要打破常规思路，摆脱经验的束缚，去找寻新的方法。

　　美国杰出的发明家保尔·麦克里迪在一次接受记者采访时，说起了这样一件事：

　　我曾经告诉我儿子，水的表面张力能让针浮在水面上，他那时候才 10 岁。当时，我问他，有什么办法能把一根很大的针放到水面上，但不能让它沉下去。我年轻时做过这个试验，我想提示他的是，借助一些工具，比如小钩子、磁铁等。我儿子却不假思索地说："先把水冻成冰，把针放在冰面上，再把冰慢慢化开，不就可以了吗？"

这个答案，简直让我惊讶万分！它是不是可行，已经不重要了，重要的是，我绞尽脑汁也想不到这样的办法。过往的经验把我的思维僵化了，而我的孩子却不落俗套。

在工作生涯中，学识和经验是时间赐予我们的财富，也是走向成功的基石。但如果你渴望不断地超越，有时就该跳出经验，打破常规，不要被它制约和扼杀了潜能。只有不被经验束缚的人，才能在未来的路上赢得更多的机会。因此，我认为有必要思考留出一定的空白时间，去做一些"白日梦"。

永不停歇的工匠之路

你有一份稳定的工作，有一个完整的家庭。听着别人说，平平淡淡就是福，心里充满了喜悦感。许多年过去了，突然发现，自己拥有的始终是这么多，甚至还有所倒退。

你是一家公司的高管，拿着高薪，享受着优越的办公环境，你就觉得自己现在可以松一口气了，终于坐到了自己想要的位子。安心度日没几年，你慢慢发现自己不能很好地适应这份工作了，你的上司似乎变得越来越苛刻，你的下属变得越来越难管。

问题究竟出在哪儿？为什么生活越来越不如愿了？

很简单，不是你不够努力，而是比你优秀的人比你更努力。

一位即将被辞退的员工，走进了老板的办公室，做最后的工作交接。在他离开之前，老板给他开了当月的工资，外加一个月的奖金。而后，老板面带笑容，缓缓地讲起了自己的故事：

年轻的时候，我就是个从农村里出来的一贫如洗的小伙子。带着母亲给我的几百块钱在深圳打拼，有人说，深圳是个造梦的天堂，可我觉得生活在底层的人们就像活在地狱里，受人歧视，被人欺负。吃不饱饭，没有钱买衣服，整天为别人打工，失去自由。

十年前的我，没有能力，没有学历，没有背景，在这样一个繁华的大都市里静静地盯着夕阳，看着日落，惆怅地睁不开眼。而母亲的病一天一天在加重，我对着这个世界很绝望。

我做过很多工作，第一份工作就是给人洗车，后来老板丢了东西，不知怎么的就在我的床上找到了，然后我被赶了出来，拖欠的工资一分钱也没有给我。我就这么身无分文走在灯红酒绿的街头，看一家一家商店灯火通明，自己却无处可依。晚上没有地方睡觉，我就在公园的躺椅上睡，薄薄的被子让我翻来覆去睡不着。

三天的流浪生活，让我吃尽了苦头。在这座繁华的都市，我觉得自己好像被全世界抛弃了。那一刻，我难过的只想哭，深刻的痛楚让我的头脑瞬间清醒。我决定改变自己，我不想一直这个样子。凭什么别人能做到的事情我就不能做到呢，凭什么上帝不是公平的？我是个健康的人，有手有脚有大脑。

清醒后的我，卷起自己破破烂烂的行李，在街头开始找工作。看见有招聘的我就推门进去，人家看我脏兮兮的，觉得我这个人不老实，都不愿意聘用我。直到一个酒吧急需招人，我才有了一份能养活自己的工作。

我的工作是当保安，有时候客人吃晚饭不买单，他们是来找事的，老板就让我去找他们理论，那些人不分青红皂白就揍我一顿。当我忍着剧痛满脸是血出来的时候，那些人已经走远了。老板却对我说，怎么这么笨啊，他们不买单就从你工资里扣。

我当时痛苦极了，我发誓，这一辈一定要出人头地，否则永远也不回家。

后来发了工资，我就把自己打扮了一番，重新换了一份比较安全的工作，是在超市里当保安。保安的工作就是轮班制，白天我在门前站着当保安，下午六点下班以后，就开始出去发传单。这样干了整整半年，除了自己的开销，还存下了一笔钱，我拿着那些钱，给自己报了一个培训班。后来辞去了保安的工作，在一家大的饭店里干了三年。老板见我人比较勤快，又能吃苦，就提升我为主管，开始教我一些管理方面的知识，我认真地学，牢牢地记，学着如何与人打交道，学习如何干好自己的工作。

第四年，我辞去主管的工作，自己开了一家小饭馆，每天起早贪黑。我们的服务态度很好，老顾客会经常光顾。时间长了以后，我们的生意渐渐好了起来。又过了两年，我就把自己所有的积蓄拿出来，店面重新装修一下，规模比原先大一倍，把爸妈接过来帮忙。

直到现在，我有了自己的家庭，房子，车子，什么都有了，母亲的病也在慢慢调理中。这些年的奋斗都源于我在公园里躺的那三天，我不希望自己永远活得卑微，我就是我，我不满足自己的现状，我要改变自己。我希望活出自己的一片天地，生活永远在你手中，你愿意给自己创造什么样的生活，就会有什么样的未来。

工匠在追求手艺精进的路上，永不知足，永不停歇。如若思想上停留在满足的状态，那么行动上不管是主动还是被动，都是一种浪费。思想决定着动机，满足于现在的安逸和安全，自然就不会再斗志昂扬去拼搏和进取。

如果你的梦想还没有实现，如果你对现在的状态并不满意，只是贪恋着一份安逸，那么不如从现在开始，尝试着做出一点改变，每天多努力一点点，朝着正确的、心中所属的目标前进。或许，成功看似还很远，但只要路是对的，坚持走下去，总会有收获。停留在此刻，等待的唯有生命力的枯竭。

居安思危，才能明天仍然光芒万丈

某钟表厂工人，以往每年都获得模范标兵称号，其主要负责给生产线上的手表装配零件。这项工作他一干就是10年，操作非常熟练，且很少出错，深得领导信任。

随着电子科技的普及，工厂为了提高生产效率，购置了一套完全由电脑操作的自动化生产线，很多工作都由机器来完成。这就意味着，大量的工人要下岗失业了，那个模范标兵文化水平不高，且在这10年里也没有掌握其他技术，对电脑更是一窍不通，已无法适应企业的需要。所以，也在裁员的名单中。

从优秀员工变成了"多余的人"，他心里愤愤不平，去找领导讨说法。领导明白他的心思，送别时先对他过去的工作赞扬了一番，而后诚恳地告诉他："早在几年前，我就告诉过你，厂里有引进新设备的计划，我就是想让你有个思想准备，去学习一下新技术和新设备的操作方法。你看，跟你干同样工作的小赵，他自学了电脑，研究新设备的使用说明，这才是真正的与时俱进。我不是没有给你准备的时间和机会，是你自己放弃了。"

从专注和踏实的角度来看，这位模范标兵的日常工作做得确实不错，够敬业，够有责任心，可惜仅仅具备这些素质，还远远够不上优秀。一个好的工匠，永远不会对自己说"我已经做得够好了"，不断超越自我才是他们的毕生追求。时代在发展，个人也有无限的潜能，只有激励自己去超越，才能够摆脱平庸，保持竞争优势。

很多时候，工作就与大自然一样，遵循着优胜劣汰、适者生存的法则。

南太平洋岛屿生活着一种叫莺鸟的动物，以前岛上雨水充足，植物丰盛，以草籽为生的莺鸟生活得很好，繁衍不息。后来，环境发生了变化，干旱使岛屿变成了荒漠，莺鸟也濒临灭亡。岛上剩下的唯一的食物是蒺藜，浑身布满尖锐的刺，种子就藏在中间。莺鸟要生存，就要想办法获得这些珍贵的食物，具体的做法就是，先把蒺藜顶在地上，又咬又扭，然后顶住岩石，上喙发力，下喙挤压，直到精疲力竭才能把外壳拧掉，吃到活命粮草。

在残酷的环境中，最后只有一小部分莺鸟活了下来。科学家们很想知道，这些莺鸟到底有什么特别之处？经过研究发现，喙长 11 毫米的莺鸟，基本上都抵抗了残酷的自然变化，活了下来；而那些喙长 10.5 毫米以下的莺鸟，全部灭绝。

生与死的区别，就在短短的 0.5 毫米！

比尔·盖茨经常训诫员工说："如果大家觉得做得够好了，那么，微软离破产就只有 18 个月了！"这番话无疑是在提醒员工，不能满足于既得的成绩，要不断改进工作，不断追求卓越。辉煌的人生，本就是一个超越自我、超越平凡的过程，只把工作做完是远远不够的，还应当努力去做到一流。

理查德，一个三十出头的美国小伙，上大学的时候，就给一家著名的 IT

公司做兼职。由于表现出色，毕业后直接成了这家公司的正式职员，担任技术支持工程师。两年后，他被提升为公司历史上最年轻的中层经理，后因在技术支持中心表现出色，又被升为亚洲市场的技术支持总监。

回顾理查德的心路历程，当初进公司时他就是技术中心的一个普通工程师，可他非常想做好这份工作。那会儿，经理考核他的依据，是记录在公司报表系统上的"成绩单"。这个"成绩单"只有在月末才能看到，而他却想，若是每天都能得到"成绩单"的报表，无疑能给经理的工作带来更大的便利，让他随时可调配和督促员工。同时，对员工来说，也可以更快地得到反馈信息。另外，他还发现，现行的月报表系统存在一些缺陷：当时另外一家分公司的技术支持中心，只有三十四人，遇到新产品发布等情况，业务量突然大增，或是有一两个员工请假，不少工作就会被耽搁。

在综合考虑了这一系列因素后，理查德觉得自己很有必要设计一个反应能力更加快速的报表系统。他利用一个周末的时间撰写报表小程序。一个月后，基于 WEB 内部网页的报表开始投入使用，并取代原来从美国照搬过来的 Excel 报表。

他的出色表现，直接博得了公司总裁的好感，认为理查德具备高管的潜质。一年后，总裁亲自将一个重要的升迁机会给了理查德，让他担任公司在整个亚洲市场的技术支持总监。

常有人问，一粒黄金放在沙子里很容易被认出来，可若周围都是黄金，该如何凸显自己呢？我想理查德的经历，恰好能给出答案。论能力和才华，在如此大规模的公司里肯定有能力跟理查德不分彼此的，大家都站在同一个高度的时候，理查德选择的是"垫高自己"，在安稳中寻找突破口，不断学习、不断思考、不断创新、不断改进。

今天的成绩万人瞩目，并不意味着明天依然可以万丈光芒；现在的安逸踏实，并不意味着明天依然可以高枕无忧。优秀的工匠从不会把目光停留在过去的作品上，他们目光高远，积极进取，追求极致，能够坦然战胜一切变化和危机，并将其化为自己的机遇。

第8章

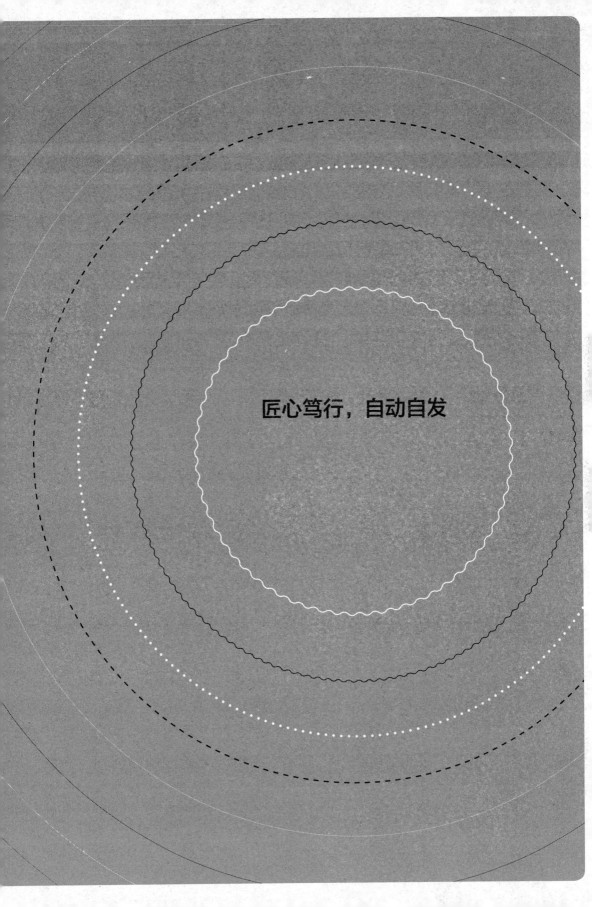

匠心笃行，自动自发

如果你不比别人干得更多，你的价

值也就不会比别人更高。

　　　　　　　　　　——塞万斯

立即行动！立即行动！

回忆一下，你是不是经常遇到类似的情况：

- 习惯选择最容易但最不重要的事情做，越重要的事拖得越久？
- 白天能做完的事，总想着拖到晚上加班来做？
- 要做事时脑子里突然冒出很多想法：先忙点别的，稍后再开始？
- 喜欢等待，希望全部细节到位、有十足的把握时再做？
- 经常因为时间紧迫，草草交差，结果被老板责怪？
- 上班时总忍不住在网上乱逛，很难马上进入工作状态？

如果上述情况你都有，那么，我很遗憾地告诉你：你得了"拖延症"。

什么是拖延症？借用塞缪尔·约翰逊的话来说，就是："我们一直推迟我们知道最终无法逃避的事情，这样的蠢行是普遍的人性的弱点，它或多或少都盘踞在每个人的心灵之中。"

下面这些真实的事例，或许能够更直观地说明问题。

员工 A 在某公司的综合部上班，工作任务不太重，经常迟到早退。行政部的主管旁敲侧击地说过他好几次，希望他能做事积极点。结果呢？交给他的事情，从来没有提前完成的时候，总是要不停地在后面催着他，才开始动身去做。终于有一次，行政主管气急了，甩下了一句话：愿意干就干，不愿意干就走，别在这里浪费公司的资源和其他人的时间。

员工 B 是一家广告公司策划，整天在同事面前抱怨："真烦，一点思路都没有，再这么下去脑袋都要爆炸了。"其实呢？整个策划部就她最轻松了，做的方案最少。一开始同事还很同情她，帮忙想点子，可后来大家发现，她不是没有思路，她就是想拖着少干活，混到月底拿工资。这种耍心机偷懒的人，谁愿意一直被她利用呢？

我相信，看到这些人在工作中的状态时，大家一定不会觉得陌生。也许，某个人的某种行为，就映射了自己的过去或是现在，或者映射了身边的人。原本该做的事情，总是拖着不做，找各种各样的借口拖延着，总想着还有下一刻，还有明天，拖到最后草草了事。

这就是拖延症！它是生命的窃贼，不知不觉消磨人的意志，败坏人的性格，让人在生活和工作中忙乱不堪，对自己越来越没信心，怀疑自己的毅力，怀疑自己的目标，怀疑自己的能力，最终变得一事无成。

有没有什么办法能够戒除拖延的恶习呢？很简单，只要四个字：立即行动！

开始一项工作前，面对空白的内容和偌大的目标，每个人都会觉得很有挑战性，甚至在心里有些恐惧。正因为此，就会产生"等一会儿再看吧""明天再做"的想法，试图用暂时的搁置来获得一些安慰。结果，越拖越不想做，越拖越糟糕。

试着转变一下你的想法和行为，接到一项任务时，不要逃避，也不要烦躁，立刻采取措施，列出自己的行动计划，切实地采取行动，一分钟也不拖延。在做事的过程中，给自己规定一个期限，在此期限内努力做好每一阶段的任务，不去想自己所做的事难度多大。如此，你完成工作的速度，往往会比预计的要快很多。同时，工作的难度也会比想象中容易一些。待工作完成后，你会得到一种奇妙的满足感，相比过去的加班熬夜、敷衍了事的焦急和愧疚而言，这种感觉会带给你更多的信心，让你更愿意去主动做事，保持这种好的习惯。

我曾接触过一位艺术家，他非常敬业，也很勤奋。每当脑海里有想法闪过时，他会马上拿出手机记下来，哪怕是在刚刚梦醒的深夜，也会这么做。我问他会不会觉得很刻意？他说不会，这种做法对他来说，已经成了很自然的习惯。

同时，这位艺术家还告诉我，他以前也有拖延的毛病，可最后他总结出：立刻去做自己一直拖延的事，就会发现拖延时间根本没有必要，而且还会因此爱上自己一直拖延的这件事，从而不想再耗费时间，不想再饱受拖延的煎熬。永远不要等到一切必要条件都具备了再行动，因为工作这件事永远都没有万事俱备的时候。无论是谁，都不可能把所有外部条件全部完善后再做事，在现有的条件下，我们依然能够把事情做到最好。

对他的这番见解，我十分认同。行动，有着超级强大的力量，就算外界条件不那么完善，但行动本身可以创造有利的条件。凡事只要行动起来，就是一个好的开始，它会带动着你着手去做更多的相关之事。领导安排了任务后，抓住工作的实质，马上去执行，养成雷厉风行的习惯，这是获得成功最重要的信条之一。

不计较多做一点儿

无论一个企业的规模多大，规章制度多么健全，职务说明多么详细，它也不可能把每一个员工的任务和应做的每一件事情，都讲得清清楚楚。总会有一些临时的事情需要做，但又没有明确指出具体该由谁去做。面对这样的情况，如果每个被指派的员工都说："这不是我的事""凭什么要我来做"，抱着斤斤计较的心态，那么可想而知，这个企业的凝聚力、竞争力会变得越来越低，因为没有人愿意为之付出。

多年来，我们一直提工匠精神、雷锋精神、钉子精神，其实里面有一个突出的核心，那就是全心全意为了组织而工作，不计较个人的利益，更不去想安排下来的任务是"分内"还是"分外"，只要是对大局有利的，都尽心尽力去做。

有一位大学毕业生，进入社会后的第一份工作是在英国大使馆做接线员。在大多数人眼里，这种工作没什么技术含量，根本无须花费太多心思，就是接接电话而已，太简单了。可就是这份工作，却让她成了大使馆里最"火"的接线员，她的电话间成了大使馆的信息中转站，甚至连大使们都亲自跑到电话间来表扬她。

她究竟做了什么，能让自己如此受欢迎和重视？

原因就是，她除了像其他接线员那样每天转接电话之外，还做了其他接线员没有做的"分外事"，把使馆里所有人的名字、电话、职务、工作范围甚至他们家属的信息都背了下来。只要一有电话打进来，她就能迅速而准确地帮对方转接过去。如果对方不清楚要找谁，她就会询问对方的一些信息或要处理的事宜，根据自己的判断来帮对方找人。

时间长了，使馆里的人都知道有个接线员特别认真，每次外出都会告诉她，可能会有什么人打电话给自己，有什么情况要转告对方，哪些电话需要转接给哪位同事，甚至连私事也会委托她通知。

由于工作用心、表现优秀，她很快就破格被调到了英国某报社，给资深的记者做翻译。起初，资深记者还看不上她，可仅仅用了一年的时间，她就让对方改观了，且发自内心地对同事夸耀："我的翻译比你们的都要好。"之所以这样说，是因为不管他交代什么工作，她都会努力做到最好，甚至把一些没有交代的事情，也主动做了。

没过多久，她又被破例调到了美国驻华联络处，之后担任中国外交学院副院长，驻澳大利亚使馆新闻参赞、发言人，中国外交部翻译室副主任、中国驻纳米比亚大使。她，就是任小萍。

从接线员到驻外大使，两者之间的距离，看似很遥远。可任小萍却把它走成了一道顺畅的直线，成就她的就是那份不计较多做一点儿事情的态度。多少接线员，就只做眼前的那点事，当对方不清楚找谁的时候，通常就会告知，请查清楚后再拨打电话；遇到要找自己不熟悉的人员，就一页一页地翻看电话簿，等把电话转过去，可能已经一两分钟了，如果有急事的话，可想而知对方是什么心情。

任小萍把接线员的工作做到了极致，没有去区分什么"分内事"和"分外事"。她没有像一些爱计较的人那样，心想着："我拿的是一份接线员的薪水，干吗要那么认真"。她的想法很简单，只要是和工作有关的事，都是自己的"分内事"，没必要计较得失。

不同的心态，带来不同的结果。优秀者比平庸者多的，不一定是智慧和能力，也不一定是运气和机会，而只是多付出的那一点点。在没有人监督和命令的时候，优秀者依然能够主动挖掘自身潜能，多承担责任和义务，从而慢慢与平庸者拉开距离。

那么，对普通员工来说，"多做一点儿"的具体表现都是什么呢？

第一，主动熟悉公司的一切。做好工作的前提，是熟悉公司的一切，包括公司的目标、文化、组织结构、销售方式、经营方针、工作理念，等等，要有一种主人翁的心态，像老板一了解自己所在的企业，这样的话，才能在日后的工作中采取更有针对性的工作方式，效率更高。

第二，不等着别人交代。如果一个员工总是习惯等着别人给自己"下命令"，他就会从思想上降低工作的积极性和效率，且还会养成"只做自己喜欢的事""有所为而为"的习惯。如此一来，就很难做到主动行事，即便是被安排任务，也会想方设法拖延、敷衍。看似轻松了，其实无异于"画地为牢"，将自己圈在了平庸的领地内。

第三，工作时不偷闲。优秀的员工在完成一项工作后，总是会去翻看工作日记，看目标是否都已达到，是否还有需要添加的任务，还需要学习点什么，扩充自己的知识和能力。总而言之，在任何闲暇的时候，他们都能主动去找事做，以提升自己。

第四，主动承担分外之事。不少大公司都认为，一个优秀的员工不仅仅是完成自己的既定任务，还会主动承担自己工作外的事情，哪怕老板没有交代。这样的员工，总能在工作之余学到更多的东西，熟悉各个部门的工作流程，为将来积攒做管理者的资本。

第五，主动提建议。当发现老板或同事处理事务的方式效率不高，而其本人并未察觉，或不知如何改进时，可主动建言献计，提出合理化的建议。如此，不但能给自己赢得好人缘，利于同事间的合作、提升工作效率，还能给老板留下深刻的印象。要做到这一点，就必须主动了解公司的运作流程、业务方向和模式，以及如何盈利，关注市场走向，分析竞争对手的情况，这一系列工作可能不是你的本职工作，但若在工作之余多了解、多思考，往往能给你带来更广阔的空间。

忠实执行，自动自发

我曾在几家不同的公司里，目睹过这样的场景——

A公司的客户服务部，一个工位上的电话响了五六声，只因当事人有事不在，就没有人去接听电话。事实上，就在这个工位的前方，两个年轻的小伙子正在那滔滔不绝地谈着昨晚的球赛："呵，昨天工人体育馆的人超级多啊……"

B公司的业务员在电脑前聚精会神地忙着，客户打来电话，貌似是在追问何时发货。业务员心不在焉地说："这个……我们现在很忙，可能要等到明天，也可能是后天，要看库房的安排，你再等等吧……"是的，他很忙，他在忙着跟人"斗地主"。

C公司的生产车间，主任问员工："为什么这个月的任务量又没完成？""我们也不想，可机器总出故障，小组有两个人请假，我们已经加班加点地做了。"果真如此吗？我所见到的修理机器的维修工，双手总是干干净净的，工具箱上都落了一层土，他整天在"忙里偷闲"地拿着手机玩微信；至于其他工人，主任在的时候很敬业，主任不在的时候总有一堆聊不完的话题，或是闭目养神，或是偷着干点私活……

其实，类似上述的情况，几乎每家企业都能够看得到。我深感遗憾，这些员工只知道做领导交代的事，甚至连本职的工作都不愿意做，完全没有主动工作的意识，更别提理解企业和领导对员工的期望是什么了。他们总以为忠实执行、做好分内事就行了，殊不知，企业对员工真正的期望是：不要只做领导交代的事，要去做没有人吩咐而公司需要做的事。只有懂得管理自己、领导自己、主动去做事的员工，才是领导最欣赏、企业最需要的人。

刘某多年前进入某房地产开发公司任职。一次和朋友聚会，他偶然得到一个内部消息，市政府有意在市郊划出一块地，用于建造保障房，以此解决市内低收入人群的住房问题。说者无心，听者有意，他在聚会后立刻动用各种关系去求证这一信息是否属实，同时也开始着手准备一些前期资料。他的想法很明确，如果这个消息是真的，市政府必然会公开招标，到时一定会有多家开发商参与投标，倘若自己所在的房地产公司事先有所准备，胜算显然会大一些。

关系不错的同事私下劝他："你这是自讨苦吃，没有人让你做这些事情啊。况且，消息要是假的，你不是白忙活一场吗？"他笑笑说："万一是真的呢？我现在做这一切不就是必要的吗？"

果然，三个月后，市政府公布了要在市南郊划出一块地皮建保障房的消息。几家有实力的房地产公司立刻开始忙碌起来，准备投标事宜，刘某所在的公司也是如此。就在经理召开紧急会议，商讨竞标工作的运作时，刘某拿了厚厚的资料交给了经理。

看到那无比翔实的资料时，经理很意外又很欣喜，说："你不是财务部的员工吗？""是的。""谁让你这么做的？""没有人让我这么做，是我觉得这些东西对公司有帮助，就顺手做了。希望能给同事节省点时间和精力，去着手做其他事情。"这番话一说完，会议室里就响起了热烈的掌声。在座的高层领导也对眼前的这位员工流露出肯定的神情。

在后来的竞标中，他所在的公司一举中标。庆功会上，经理郑重其事地代表公司向他敬了一杯酒，并当场宣布，由他接替即将退休的财务部主管的职务。

我们不能说，是因为有了刘某提供的资料，他所在的公司才一举中标，这一结果凝聚了公司所有人的努力。刘某之所以得到重用，也不仅仅是因为他收集了那些资料，而是公司高层看重他这种主动为公司做事的态度和精神。当时的刘某，只是公司财务部的普通职员，他的职责是处理公司财务方面的事宜，而他却在做好本职工作的同时，主动去从事没有人吩咐他却对公司极其有利的事，如果你的公司里有这样一位员工，你不愿嘉奖他、重用他吗？

任何一家公司、任何一位老板都希望自己的属下能主动去工作，带着思考去工作，而不是需要老板在背后推着去做事。当你开口抱怨公司和老板没有给你提供广阔的平台、没有给你高薪高福利时，扪心自问一下：你是否给予了他们想要的东西？

每一位老板心中都有对员工的终极期望："不要只做我交代你的事，开动你的大脑，努力去做一切公司需要你做的事！"

求真务实长本领，脚踏实地当工匠

一位中国留学生在德国问路："先生，请问这个地方怎么走？大概需要多长时间？"

德国人告诉他具体的路线，却没有回答第二个问题。

留学生刚走出二三十米，对方突然追上来，说："你走到那里，大概需要 12 分钟。"

"您刚刚是忘记了告诉我这个答案吗？"留学生问。

德国人摇摇头，说："你问我多长时间到，我需要看到你走路的速度才能知道。"

虽然只是很小的一件事，却给那位中国留学生留下了非常深的印象，他看到了德国人务实的作风。事实上，德国人不仅在生活上如此，他们对待工作更是严谨。在大多数德国企业里，无论是高管还是基层员工，都兢兢业业地致力于本职工作，没有浮夸之气。他们不仅要完成工作，在完成工作后还会自行检查，对每一个细节都要认真核对，丝毫不敢懈怠。

这种对工作的务实作风，不单单是因为德国企业秉承严格的规章制度，更因为员工的高度自觉性。德国人一直都以严谨而闻名，这是他们的精神之魂，每一个人都杜绝散漫浮躁之风。强烈的实事求是、一丝不苟的态度，已经渗入德国人的血液中，他们在工作中犹如一台精密运转的仪器，严格冷峻。正是靠着这股精神，德国企业才能创造出诸多享誉世界的精品。

对员工来说，想成就一番事业，就得具备求真务实的精神。英特尔中国软件实验室总经理王文汉先生曾说，英特尔公司在考虑员工晋升时，从来不把学历当成唯一因素，学历顶多是一块敲门砖，员工入职后的发展，完全取决于自己的努力。有些研究生毕业的员工，做事不够踏实，他的工资就可能被降级；一些只有本科学历的员工，靠自己的努力得到了不错的业绩，很快就能得到晋升。

英特尔中国软件实验室里，有一位学历连本科都没达到的软件工程师。他之所以能够进入英特尔，完全是凭借自己的设计能力。最初，他是作为普通程序员被录用的，可王文汉很快发现，这位程序员一点也不普通，他不仅能高质高效地完成程序设计工作，还在努力学习研发知识，利用休息时间参加了英特尔内部及各大院校举办的软件开发课堂。

一年以后，英特尔中国软件实验室打算引进高水平的软件工程师，他因为业绩扎实、技术水平先进顺利入选。与此同时，不少比他先进入公司的、拥有更高学历的程序员们，都在原来的位置上继续消耗着自己的青春。

成功的一切要件都离不开务实的精神：知识和技能要靠扎实地学习来获得，处理问题的经验要靠艰苦地努力来积淀，上司和同事的支持要靠诚信的品质、实在的能力来赢取，转瞬即逝的机遇要靠坚实的力量来把握。没有求真务实的精神，就不会有脚踏实地的努力，也难以攀登上事业的高峰。

行动出行家

人生数十载，能够精通一门手艺就很不容易了，但有一个人却精通诗、书、画、印，这个人就是著名画家齐白石先生。如果用两个字来总结他成功的原因，那么非"勤奋"莫属。齐白石一天不画画心慌，五天不刻印手痒，作品数量惊人，质量颇高。

纵观齐白石先生的一生，似乎一直都跟"匠"有缘。齐白石出身贫寒，11岁开始打柴、放牛、捡粪；13岁开始扶犁、插秧、收稻。不过，齐白石并没有放弃学习，在回忆里，他曾写过这样的情景——牛角挂书牛背睡，可见幼时读书之勤。

15岁那年，家里人送齐白石去学木匠。这是一个养家糊口的手艺，齐白石很勤奋地学着那些雕花的木工活。渐渐地，方圆百里都知道了有个姓齐的木匠。不过，他不是一个"安分"的人，看见别人画像，觉得有意思，就偷学了几回，随后径自写真，没想到神形俱像。那时候，乡间有人去世，没有遗像，就会临时请行家来画一个。为了赚钱养家，齐白石不嫌画活儿晦气，照单全收。

后来，有乡绅留意到了这个多才多艺的青年，不忍心看他的天赋被埋没，就主动找到他，问是否愿意学习真正的绘画。齐白石当然愿意，但他担心去读书学画，就无法做工维持生计。乡绅给他出主意，让他一边读书学画，一边靠卖画赚钱。就这样，齐白石认了这位师傅，开启了从木匠转为画匠的生涯。

齐白石最擅长画小虾、小虫等动物，造诣很深。后来，他又学习篆刻，并得了一个"三百石印富翁"的雅号。关于这个雅号，其实是有典故的，我们从中能够领略到这位大师的勤奋与刻苦。

初学篆刻时，齐白石经常不得要领，为此很是苦恼。一次，齐白石去请教一位擅长篆刻的朋友，那位朋友告诉他，想学好篆刻有个窍门：到南泉冲去挑一担础石回来，随刻随磨，等到刻上三四个点心盒，石头都磨成了石浆，你的功夫也就到家了。

听了朋友的指点，齐白石真的这么做了。他弄回许多石料，刻完磨掉，磨完再刻。屋内一个地方弄湿了，换个地方再继续。就这样，不断地移动位置，直到整个屋子没有一块干爽的地方为止。他就那么专心致志地刻，日复一日，年复一年，础石越来越少，地上的淤泥越来越厚。当一担础石都化成了泥，齐白石也练就出了一手篆刻艺术。

齐白石刻的印，雄健、洗练，独树一帜，达到了炉火纯青的境地。多年后，当齐白石回想起自己学习篆刻的经历，写下了这样两句话："石潭旧事等心孩，磨石书堂水亦灾。"

对齐白石来说，勤奋绝非一时兴起，而是一生的习惯。他对画画和篆刻的坚持，不是为了功名利禄，而是发自内心的喜爱。

优秀的人从来不会因为现有的成就而停留，他们时刻以高标准来要求自己，在勤奋中追求更精湛的技艺。正因为这种勤奋和刻苦，才使得齐白石先生从一个牧童到木匠，从木匠到画匠、雕匠。他的锐意进取、永不懈怠的精神，造就了他中年时期的"五出五归"，以及60岁时的"衰年变法"，和名扬中外的艺术成就。

　　金字塔尖上的人物，大开大合，成就伟业，固然可羡。可对于平凡的我们来说，世间也有一条路可走，就是像齐白石先生用一生实践这种勤奋刻苦、不断进取的工匠精神，在专注和积累中，成就属于自己的不凡。

给自己直面缺点的勇气

过去，无论是应聘面试，还是工作实践，很多人都害怕听到考官这样问："你最大的缺点是什么？"坦白说吧，担心不被录用；说没有吧，又不太现实，怎么办呢？

后来，有人总结出一些面试技巧，告知遇到棘手的难题时如何作答，此题也在其中："我工作过于努力；我对别人在细节上的不够周全没有耐心；我工作认真，不能容忍不把工作当回事的人。"这回答很巧妙，看似是在说缺点，可真正的落脚处还是优点。

这种遮掩缺点的方式，真的能够让你在面试中脱颖而出，并得到领导的赏识吗？

我想说：不一定！身处这个浮躁的时代，许多企业的管理者并不太欣赏说话做事习惯弯弯绕绕的人，而是更向往拥有一些踏实、诚恳的员工，能够诚实地认知自己的缺点。事实上，作为员工来讲，你也不会欣赏只会炫耀长处、不敢面对自身缺点的老板，在这一点上，人与人的心理是差不多的。

福特公司的总裁，就曾经在全体员工面前亮出了自己的缺点，他坦白地承认：

1. 我太在意时间。我常常过分系统化，一时之间想完成太多的事，每每看到进度落后时，都不免会焦躁和恼怒。

2. 我绝对公私分明。这使我看起来不通人情，对与公事无关的个人小事毫无兴趣。

3. 我不注重细节。我有点大而化之，宁可将事情简单化。当执行一件重大的计划时，我常把可能延误或阻碍整个方案进度的问题摆在一边，先将事情做成，最后再来处理这些细节。这种做法使我不至于在细枝末节的崎岖小径里打转，绕不出来，但也可能因为考虑不周全，失去一些机会或造成不必要的误解。

4. 我要求的加码太高。平常我觉得这是优点，但可能也吓跑了一些值得交往的人。

5. 我很爱吃东西。在美食面前，我总是先吃了再说，吃完后再来担心。

他这么坦率地说出自己的缺点，不但没让员工看不起，反而赢得了更多的敬佩。如果你也能像他一样，正视自己的优缺点，清醒地认识自己的身份、地位，弄清哪些事情是自己该做的，哪些是自己必须避免的，真实地了解和确切地把握自己的角色与能力，扬长避短，努力完善，往往更能在职场中胜出。

A在一家小公司做业务员，为了能得到更好的发展空间，就选择了辞职，去一家待遇较高、发展空间更大的外企应聘。到这里来应聘的人很多，有刚毕业的学生，也有经验丰富的精英。激烈的竞争摆在眼前，A开始琢磨：如何才能让自己脱颖而出呢？苦思冥想后，他决定在简历上下点功夫。

机灵的A，打开了邮箱里存的一份简历草稿，并在上面修改了一番，再到楼下的复印室打印出来。待被点到名字时，他深吸一口气，迈着坚定的步伐走进了招聘室。面试官在看到他的简历时，表情有点复杂，这份简历上除了详细的个人信息和工作经历，还有一个缺点说明，上面清楚地写着：做事固执，脾气急躁，等等。

面试官迟疑地看着 A，问："你为什么要在简历上写缺点呢？不担心我们会因为你的缺点而拒绝录用你吗？"

A 自信而真诚地答道："世界上没有一个人是完美的，我也有很多的缺点。我把它们写出来，是希望即将加入的公司能够更加全面地了解我，这与知道我的优点一样重要。同时，我也认为，只有不回避自己缺点的人，才有勇气和决心改掉它们。"

听到 A 的回答，面试官笑着，似乎非常满意。他拿出名片对 A 说："我是你未来的老板，很欣赏你不回避缺点的勇气，我们公司正需要你这样的人才。请下周一来公司报到吧，很高兴你成为公司的一员。"

坦率地说出自己的缺点，承认自己的缺点，是一种正直和勇气的展示。如果试图用欺骗、遮掩的方式来解决问题，也许当时可以给人留下好印象，但在后续的工作中，缺点和不足还是会不可避免地暴露出来。到那时，还要用同样的手段再去遮掩吗？把所有的心思都用在遮掩弱点上，还剩下多少精力去用心工作？

与其逃避，不如面对；与其遮掩，不如改变。当你能够从容淡定、豁达乐观地接受自己的缺点、积极地正视自己的缺点时，你才能找到克服缺点的办法，才能更靠近完美。就从这一刻开始，拿开遮挡在缺点上的手吧！坦坦荡荡，才能大步前行。

时间管理价值百万

美国的时间管理之父阿兰·拉金说过："勤劳不一定有好报，要学会聪明地工作。"

对于前一句话，相信很多职场人都有切身体会：每天早晚奔波，不迟到不早退，认认真真做事，没想过投机取巧，却还是没什么大的作为，甚至连引起老板重视的一两件出彩的业绩也没有，看到别人似乎轻而易举就上位了，心里满是不甘和怨气。

有类似经历的朋友们，请先放下你心里的负面情绪。忙而无果的遭遇，不只是普通人的烦恼，许多做出大成就的人，如世界著名的设计师安德鲁·伯利蒂奥，也曾有过和你一样的经历。

安德鲁·伯利蒂奥是利用时间的楷模，为了能成为一名出色的建筑师，他从来不浪费一秒钟的时间，只要时间允许，他就会拼命地工作。所有认识他的人都说："看，安德鲁·伯利蒂奥真是太会珍惜时间了！"

每天，他都要花费大量的时间进行设计和研究，除此之外还要处理许多其他方面的事务，忙得不可开交。他总是风尘仆仆地从一个地方赶到另一个地方，不放心把事情交给任何人，事事都亲自过问、亲自参与才放心。时间长了，他自己也觉得很累。

曾有人问他："为什么你的时间总显得不够用呢？"他笑着说："因为我要管的事太多了！"后来，一位教授看他每天忙得晕头转向，却没忙出什么成绩来，就语重心长地说："人，大可不必那样忙！"

不久，安德鲁醒悟了。他发现，虽然自己每天都在忙，可大部分的时间都花在了那些七零八碎的事情上，真正有价值的设计工作却只占了一小部分的时间，靠着挤出来的一点儿功夫创作出来的东西，质量自然会受到影响。

如梦初醒的安德鲁，彻底改变了做事的方式：他把无关紧要的小事交给了自己的助手，而自己全身心地投入最有价值的事情上。很快，他的传世之作《建筑学四书》问世了。

看到这里，再回味阿兰·拉金名言中的后半句——要学会聪明地工作，我相信你的心里一定会有特别的感触。每天比别人忙，不等于会比别人更成功，唯有把精力用在真正重要的、有价值的事情上，提高工作效率，才能做出成绩。

纵观世界上无数的失败者，大都不是输在了能力不足上，而是输在了没有集中精力、全力以赴地去做值得的事情，大好的时光和精力被白白地浪费了，自己却浑然不知。成功学大师拿破仑·希尔曾经归纳了四条做不值得的事情的坏处，非常经典——

1. 不值得做的事情会让你误以为自己完成了某些事情；

2. 不值得做的事情会消耗时间和精力；

3. 不值得做的事情会浪费自己的有效生命；

4. 不值得做的事情会生生不息。

那么，如何才能不把时间浪费在不值得做的事情上呢？

大家不妨在每个工作日的早上，列出当天你要完成的 3 件最重要的事，并按照重要性的排列，先专心地做完第一件事，再做第二件、第三件事。只需要一个月的时间，你就会发现，你的工作效率得到了明显的提高，甚至你可能完成了看起来要花费两三个月才能做完的事情，而且时间似乎也变得"多"了起来。

为什么会这样呢？

因为，这可以帮你做出选择，让你把时间和精力用在最值得做的事情上，而免遭琐事的干扰。事实上，对绝大多数人来说，一生中的多半时间都是花在了无关紧要的事情上。当你养成了只做有价值之事的习惯，你就等于得到了比他人多出一倍以上的时间和精力。

作家李敖在《选与落选》中谈到过人生的选择："你的生命是那么短，全部生命用来应付你所选择的，其实还不够；全部生命用来做你只能做的一种人，其实还不够。若再分割一部分生命给'你最应该做的'以外的——不论是过去的、眼前的、未来的，都是浪费你的生命。"

繁华的都市里，生活节奏快，加班无休止，有形的、无形的压力，枯燥的、乏味的状态，让很多人对现实感到不适、麻木、烦躁、逃避，甚至做出一些过激的行为来排遣内心的压抑。可惜的是，忙碌了多少年，早出晚归，收获却甚少，这样的生活，除了烦和累，不知还能用怎样的词语来表达？更可悲的是，多数人忙碌了许久，却还是没能得到自己想要的结果，反而很迷惑：时间都去哪儿了？

新东方创始人俞敏洪说过："每个人拥有的时间都是一样的，都是 24 小时一天。在同样的时间内，有的人能够做很多事情，取得很多成就，有的人却一无所获，其中最重要的一个原因是时间管理问题。专注于做最重要的事情和充分利用时间，是一个人成功的关键。"

美国著名的思想家本杰明·富兰克林，曾经说过一段经典名言："你热爱生命吗？那么别浪费时间，因为时间是组成生命的材料。记住，时间就是金钱。假如，一个每天能挣20美元的人，玩了半天或躺在沙发上消磨了半天，他以为他在娱乐上仅仅花了6美元钱而已。不对！他还花掉了他本可以获得的20美元钱。记住，金钱就其本身来说，是能升值的。钱能生钱，而且它的'子孙'还会有更多的'子孙'。如果谁毁掉了最初的钱，那就是毁掉了它所能产生的一切，也就是说，毁掉了一座财富之山。"

时间最不偏私，给任何人都是二十四小时；时间也最偏私，给任何人都不是二十四小时。因为时间是死的，人的思维却是活的。善于运用时间的人，生活往往会很不平常。

在你追我赶的时代，生活的节奏很难慢下来，但我们都要像工匠一样，不轻易浪费每一分钟，不被杂七杂八的琐事干扰，要学会掌控和运用自己的时间。

那么，如何掌控和运用自己的时间呢？

《生活安排五日通》一书的作者赫德莉克说："不要把所有的活动都记在脑袋里，应把要做的事写下来，让脑子做更有创意的事。"

不妨每天给工作列一个计划，按照重要程度排列，这样的话就知道每天都有哪些事要做，不至于混乱。忙碌时，不要再对所有人说，自家的门随时都是敞开的。如果每个不速之客都接待的话，你或许一天什么都干不了了。有时候，要学会用委婉地方式拒绝他人，避免突如其来的事情打乱自己的计划。

美国有一个钟表匠曾经制造了一种特殊的计时器，它每分钟只有57.6秒，与正常的时钟相比，省下了2.4秒。一天下来，几乎就多了60分钟。当然，你不必买这样的钟表，只要学会合理地利用时间，就可以轻松实现"每天多1小时"的目标。

这个时代，谁善于掌控时间，谁就能拥有不一样的自由。

散漫：让人失败的习惯

多数职场人都觉得，老板最看重的是员工的能力。然而，这个问题到了企业管理者那里，回答却不一样。他们确实喜欢有才能的员工，但更在意的是员工的态度。

海尔集团的CEO张瑞敏先生说："想干与不想干，是有没有责任感的问题，是德的问题；会干与不会干，是才的问题。"不会干没关系，只要想干，就可以通过学习、钻研，达到会干的程度；有才能却不想干，吝啬付出，工作一样干不好。

这一观念，不仅是在国内的管理者中得到高度认可，很多世界500强企业的CEO也非常赞同。曾任通用电气集团CEO的杰克·韦尔奇就曾表示："有能力胜任工作，却消极怠工而不称职，这样的人，我发现一个就开除一个，绝不留情。"

换位思考，假如你是管理者，看着自己的属下明明很有能力，却总是懒懒散散，一副心不在焉的样子，是什么感受？你肯定会觉得，他内心对这份工作满不在意，甚至认为它是负担和苦役，总在想办法逃避付出。这样的"能人"，你愿意留在身边吗？

己所不欲，勿施于人。这句古语用在工作上，也是行得通的。更何况，我们选择工作不仅仅是给老板打工，还是在给自己打拼未来。总是想着逃避责任、逃避困难，或许能得到短期内的"清闲"，但却失去了重要的学习和成长机会。换而言之，你什么都不想做，什么都不愿做，到哪儿去学习技能、积累经验？

A是一个头脑灵光的员工，悟性很高，就是太散漫。有些事情，他明明可以做到100分，却总是做到60分就高喊万岁了。偶尔，还会依仗着自己的小聪明，工作中简单应付一下，交上去的任务，说不上多好，但也挑不出毛病，游走在及格与不及格的边缘。凭借他的才能，若肯多花一点心思，定能做得非常出色，可他不愿意多花费时间和精力，总想着得过且过。

来到部门三个月，虽说是转正了，A却还像一只无头苍蝇，从来不会主动地去找事情做，也没有仔细琢磨过领导的意思，更没有踏实地去处理过一件事情。每天早上一来公司，先登录QQ和微信，和朋友闲聊，在网上乱逛，到了下班才发现还有一堆事没干完。第二天，再重复前一天的事情。他内心也挺迷茫的，不知道是公司淹没了自己的才能，还是自己真的无能。

A的上一份工作，是在某公司做中层，到了这家新公司却成了最底层。他喜欢能够自由发挥、自行做主的工作，现在的每件事情都是领导安排的，尽管领导也看好他，可他递交上去的东西却总不能让领导满意。他找不到自己的闪光点，就整天在恶性循环中混日子，工作的积极性一天比一天少，散漫的行为倒是愈发严重。

身为旁观者，我们也许比当局者的A看得更清楚一些。他不是没有才能和志向，而是缺乏责任心和自律性，过于懒散。尤其是在面对领导的严苛挑剔时，更是缺乏一种正确的心态，不能在批评中反省自身。若不及早地调整自己的心态和行为，很有可能会自毁前程。

戴尔·卡耐基曾说：懒惰心理的危险，比懒惰的手足，危害不知道要超过多少倍。而且医治懒惰的心理，比医治懒惰的手足还要难。

当下，还有不少年轻员工，他们成长在信息爆炸的互联网时代，见多识广，思想开放，追求个性。这些员工在创新方面很有天赋，但也给管理者带来了很多的苦恼。一位网站负责人表示，她有一个下属，上班带着两部手机，一部平板电脑，稍不注意，他就会在工位上玩游戏。给他安排的工作，总是往后拖，实在拖不下去，就随便应付交差。为了此事，她找下属谈过，对方态度很好，答应会注意的，可下次还是会犯。最后，实在无奈，只好将对方辞退。

现实就是这样，想有所建树，就得改变自己的懒散态度。不管做什么事，身处什么职位，都必须尽心尽力地去做，不然的话，在团队里会遭到同事的抛弃，在公司里会遭到老板的嫌弃。归根结底，那些能干却不愿干的员工，还是对工作没有一个正确的认识，责任心不足。他们总觉着，工作是给老板做的，好与坏跟自己无关。

其实，只要真的把工作装进了心里，把责任感充实在灵魂中，做事的脚步就不会拖沓，心思也不会四处游走，更不会抱怨工资低、环境差和老板苛刻。一切问题都是心的问题，重新认识工作的价值，捡起对工作的责任心，知道所做的一切是在为将来积累资本，那么散漫的作风就会消失，取而代之的是踏实稳健和锐意进取。

老板们最不喜欢的就是明明有能力做好，却不用心去做的员工。不会干没关系，可以花费时间去钻研和学习，但是会干而不想干，投机取巧、敷衍了事，就是一种逃避。若是纵容这样的员工留下，对企业长远发展来说，没有任何意义，因为员工本人不思进取，就无法在实践中提升技能、积累经验。如此，员工如何成功、公司如何发展壮大呢？

马丁·路德·金说："如果一个人是清洁工，那么他就应该像米开朗基罗绘画、贝多芬谱曲、莎士比亚写诗那样，以同样的心情来清扫街道。他的工作如此出色，以至于天空和大地的居民都会对他瞩目赞美：瞧，这儿有一位伟大的清洁工，他的活儿干得真是无与伦比！"

每个人都当把自己视为一个艺术家，而非一个平庸的工作者，应当像工匠一样带着热情和信心去做事。只要你能做到100%，那就不要有所保留，即使99%依然是不够用心。

工匠的世界里，从来都没有敷衍之说，他们始终满怀热情，除了要求自己按时按质完成工作，还要想尽办法做到更好。多花费一点心思，多付出一份辛苦，彰显自己的与众不同。

无人监督，认真不减

相信很多人都碰到过这样的事：请工人来家里做活，主人在的时候，工人总是一板一眼地干活，看起来认真无比。一旦主人有事离开，工人就会故意磨洋工，放慢做事的速度，漫不经心地干着活，不是偷工减料，就是故意拖延完工的期限，以图轻松地多赚点钱。

通常情况下，主人也会给工人如数结算工资，除非活儿做得实在说不过去。但是，今后若再有这样的事情，绝对不会再找此人。对手艺人来说，没有回头客，没有口碑，就等于是断了谋生之路。投机取巧，做事不尽心，不是真聪明，而是自己坑害自己。

老木匠辛苦了一辈子，马上就要退休了，没想到东家又给安排了活儿，建造一个大房子。老木匠心想，又不是给自己建，糊弄糊弄得了。结果，房子建好了，东家告诉他，这房子是送给他的。此时，老木匠才后悔万分，早知是给自己的，当初怎么也不会敷衍糊弄啊！

事情就是这样，总以为工作是给老板做的，老板在的时候就表现得努力一点，老板不在的时候，付出再多也没人知道，这是工作中最常见，却也最害人的一种想法。表面看来，你付出劳动，老板给你薪水，你是在为他工作。实际上，你所做的每件事，你付出的任何努力，都是在为自己的成长和进步积累资本。

工资和奖金，是要靠业绩来换取的；职位的升迁、人格的提升、品行的锻造，都是自身努力的结果。工作累了，适当的休息放松无可厚非，但如果是因为老板出差了，就觉得偷懒的时机来了，那绝对是一个错误。

老板在与不在，对有责任心的员工来说，对专注于工作的员工来说，其实没有多大的区别。老板不在，你可以做很多事情：可以尽职尽责地完成自己的工作，也可以投机取巧；可以一如既往地维护公司的利益，也可以趁机谋私利。但是别忘了，老板可能一时间难以发现，那并非意味着老板永远也不会发现。

邵某是一家IT公司的销售部经理。一次，他到某公司洽谈新型打印设备的事情，由于那是一款大众化的新品，且厂家即将做大规模的广告宣传，为了争取更大的市场份额，对经销商的让利幅度也很大。邵某决定，在媒体大量宣传报道之前，先跟一些信誉和关系比较好的经销商商量，敲定首批的订量。

不巧的是，和邵某一直有业务联系的那家公司的老总不在。当邵某提出即将推出新产品时，负责接待的员工冷冷地说："老板不在，我们做不了主。"邵某把厂家准备如何做宣传，需要经销商如何配合拓展渠道的想法，跟接待者做了详细的讲解，希望能得到他的理解和回应。可惜，对方似乎根本就没放心上，还是搪塞他说："老板不在，您跟我说没用。"

邵某觉得挺扫兴的，也没有再继续谈下去的必要了，就悻悻地走了。

接着，邵某又去了另一家公司。刚巧，那家公司的负责人也没在，虽然挺失望的，可邵某还是跟负责接待的助理说了下情况。那位助理是个新人，热情大方，先是给邵某倒了一杯热水，让邵某慢慢介绍。

邵某向这位助理表明了来意，助理以自己刚刚学到的营销知识，敏锐地察觉到了这是一个很好的商机，绝不能因为老板不在而错过。他当即提出，明天让邵某送一个样品过来，让老板亲自看看，然后再商议。

第二天，邵某和同事带了一台样品过来，助理事先向老板介绍了情况，老总对产品很满意，一桩生意就这么达成了。由于这款产品在整个市场上属于独家经营，不到一个月就销售了3000台，为老板净赚了6万多元。此时，第一家拒绝邵某的公司，也开始联系要求上货，但此时已经错过了跟厂家合作的促销优惠，利润大打折扣。

两位员工的态度一对比，大家一目了然。站在老板的角度去看，心中的天平自然会倾向那个热情的助理。一个优秀的员工永远不会缺乏主动工作的精神，无论老板在与不在，表现都是一样的，他们懂得为自己负责，更懂得要为老板负责、为公司负责。

不要在老板离开的时候松懈偷懒，像工匠一样用作品和结果去检验自己的工作能力、衡量自己的工作态度，为自己设定最严格的标准，让自己的期待高于别人的期待。当你全力以赴、自动自发地做好工作时，结果自不会辜负你的辛苦付出。

激情成就梦想

身在职场，你有没有认真思考过这个问题：在人才济济的公司里，什么样的人最容易引起老板的注意？什么样的人最容易在事业上获得成功？

我听过的答案有很多，取其关键词大致是忠诚、敬业、细心、创新等，我不否认拥有这些职业素养和工作习惯的员工，的确会得到老板的赏识和认可。但很少有人深思，在这些品质和行为的背后，究竟是什么力量在支撑着他们呢？

是激情和热爱！一百多年前，英国前首相本杰明·迪斯雷利说："一个人只要跟随自己的内心激情采取行动，就可以获得伟大的成就。这种人不管身处何种环境，都会比普通人更容易获得成功。"如果一个人发自内心热爱他的工作，充满激情地做事，他的工作效率和结果跟满腹牢骚、被动行事的人完全不同。在解决问题时，他能做出 120% 的成果。

励志大师卡耐基把激情称为"内心的神"，他说："一个人成功的因素很多，处于这些因素之首的就是激情。没有它，无论你有什么样的能力，都发挥不出来。"

黎巴嫩诗人纪伯伦对此更是有一番浪漫的解释："生命是黑暗的，除非是有了激励；一切激励都是盲目的，除非是有了知识；一切知识都是徒然的，除非是有了工作；一切工作都是空虚的，除非是有了爱。工作是眼能看见的爱。倘若你不是在欢乐地工作而是在厌恶地工作，那还不如撤下工作，坐在大殿的门边，去乞求那些欢乐地工作的人的周济。倘若你无精打采烤着面包，你烤成的面包是苦的，只能救半个人的饥饿。你若是怨望地压榨着葡萄酒，你的怨望，在酒里滴下了毒液。"

然而，我们大都有过这样的经历：长时间地在同一环境下工作，几年后顺理成章地成了技术娴熟的骨干，可日复一日重复着同样的事情，就产生了一种被掏空的感觉。加之领导很少给予自己表扬，偶然还会责备自己做得不够多、不够好，心中的成就感逐渐被一种无助感所取代，做事变得提不起精神，觉不出有什么意义。

渐渐地，初入职场时的那份新鲜感和热情没有了，每天上了班就希望早点下班，工作中稍遇不顺当的事，跳槽、换个环境的想法就像毒芽一样刺痛着你。有时，真的随着心思这样做了，可跳槽的结果，却是让自己的情绪再度陷入失落中。因为，几乎一切都要从头再来，换了一个环境后，并未实现自己预期的愿景，甚至还不如从前。就这样，跳槽的念头再度萌生，恶性循环无休止地继续着。最终，忙忙碌碌几多年，却没做出任何出彩的成就。

之所以会出现这样的情况，是因为多数人的心中有个错觉，认为激情是无法控制的，受外界条件的限制。事实上，外部的环境只能给人带来短暂的新鲜感，要获得长久的激情，还是需要自己来创造。至于方法，有如下几条建议：

1. 认识工作的价值，并由衷地爱上它

要想保持对工作恒久的新鲜感，你必须发自内心地去热爱你所做的事，改变工作只是谋生手段的想法，把它跟事业成功联系起来。我认识的一位人力资源部经理说："至今工作快十年了，我的工作就是与人打交道，遇到的麻烦很多，有时一项决定下来很容易得罪人，可我会自我调节。我保持工作激情的方法就是，不断发掘工作的魅力，不断地去征服它，把克服困难当成成长、成熟的途径。每次解决完一个问题，我心里就会多一分成就感，这种感觉支撑着我去迎接下一个难题。"

2. 挖掘新鲜感，不断树立新的目标

西门子移动电话研发部的达姆德先生一直都是个充满激情的人，可有一段时间，他总是闷闷不乐，同事开玩笑说是他太不知足。达姆德说："我不是为了薪水想不开，我是在想，咱们整天坐在研发室里，总该有个长远的目标，有点儿激情，要是没有新的创意，这工作有什么意义啊？"达姆德下定决心，一定要让公司的产品在自己的独创性开发下有质的飞跃。

无意间的一天，达姆德在地铁里发现几乎所有的时尚男女都随身带着手机、相机和袖珍耳机，这给他带来莫大的灵感：如果把这三个最时髦的东西组合在一起，都运用到手机上，不是一个很好的创新吗？

第二天，他就把自己的计划告诉了主管，主管也为之激动不已。没多久，一款具有拍摄和听音乐功能的手机问世了，由于它独具商业创意，一上市就大受青睐。

3. 以最佳的精神状态出现在公司

没有哪个老板喜欢看到自己的员工终日愁眉苦脸的，就算工作不尽如人意，也要学会掌控自己的情绪，让一切变得积极起来。情绪这种东西是可以互相影响的，如果你总是激情饱满、热情洋溢地工作，就会既有效率又有成就，你周围的同事也会受到鼓舞，变得积极主动起来。

一家连锁洗衣店的经理，刚到店里任职时，店里的员工萎靡不振，看上去已经厌倦了平日的工作，有的已经打算辞职。然而，他的到来却改变了这种情况。他每天第一个到公司，微笑着跟陆续到来的员工们打招呼，把自己的工作全都列

在日程表上。他热情洋溢地招呼每一位顾客,顾客们都很喜欢他,在他的带领下,店里的业绩逐步上升,那些本想辞职的员工,突然觉得找到了工作的乐趣,状态较之前积极了许多。年底,总部将其评为优秀经理,并把他的工作方法推广给其他的连锁店。

查理·琼斯说过:"如果你对自己的处境都无法感到高兴的话,那么可以肯定,就算换个环境你也照样不会快乐。"言外之意,如果你对自己所做的工作、自己的定位都无法感到高兴的话,就算你获得了自己想要的东西,你一样不会开心。

在充满竞争、你追我赶的职场中,谁能够始终如一地陪伴你、鼓励你、帮助你? 老板、同事、下属,都不可能做到这一点,只有你自己才能激励自己更好地迎接每一次挑战。要改变工作的处境,先改变你的心境吧! 不断地给自己树立目标,挖掘对工作的新鲜感,满怀激情地投入到每一天的工作中,最大限度地释放个人潜能,你就能够出色地解决各种问题,成为卓尔不群的员工。